由2维影像建立3维模型

徐刚 著

郑顺义 译 苏国中 审

Image Based Modeling and Rendering

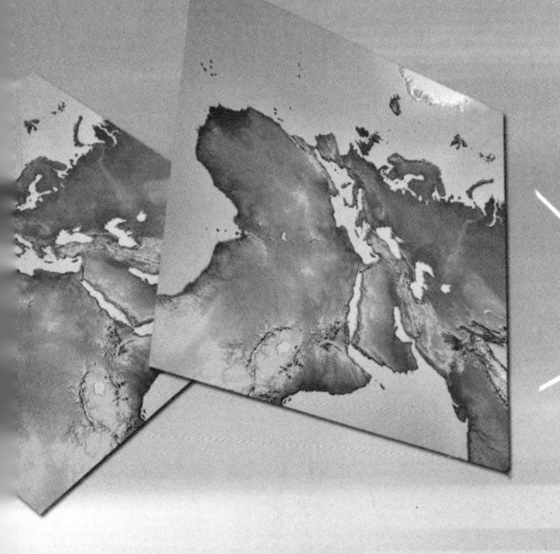

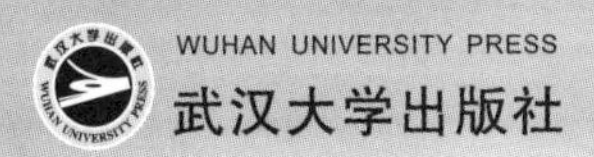

图书在版编目(CIP)数据

由2维影像建立3维模型/徐刚著;郑顺义译;苏国中审.—武汉:武汉大学出版社,2006.9
ISBN 7-307-05221-0

Ⅰ.由… Ⅱ.①徐… ②郑… ③苏… Ⅲ.计算机图形学
Ⅳ.TP391.41

中国版本图书馆CIP数据核字(2006)第109522号

责任编辑:杨 华　　责任校对:王 建　　版式设计:杜 枚

出版发行:**武汉大学出版社** (430072 武昌 珞珈山)
(电子邮件:wdp4@whu.edu.cn 网址:www.wdp.com.cn)
印刷:湖北省通山县九宫印务有限公司
开本:880×1230 1/32 印张:4.875 字数:131千字 插页:1
版次:2006年9月第1版　　2006年9月第1次印刷
ISBN 7-307-05221-0/TP·212　　定价:10.00元

内 容 提 要

个人电脑的普及，CPU 运算速度的加快，图形加速卡性能的提高，数码相机的普及，Internet 的兴起等要素结合起来，使得个人手拍影像，并能建立 3 维模型，进行自娱自乐并发布的时代来到了，这样的预测或期待越来越接近现实，越来越被更多的人所关注．

从输入影像开始，到恢复 3 维形状，最后将得到的 3 维结果利用计算机图形学的技术（CG）进行表达、显示，本书对该过程中涉及的原理、概念、表述、算法等进行了详细的叙述．

因为 3 维形状和运动的表示以及计算需要一定的数学知识，为了便于对一些必需的线性代数和微分知识的学习和理解，本书中进行了必要的讲解．这些数学知识作为理解本书的基础，在附录中有详细的介绍．

前　言

个人电脑的普及，CPU 运算速度的加快，图形加速卡性能的提高，数码相机的普及，Internet 的兴起等要素结合起来，使得个人手拍影像，并能建立 3 维模型，进行自娱自乐并发布的时代来到了，这样的预测或期待越来越接近现实，越来越被更多的人所关注．

当然，这是基于 3 维技术基本成熟这样一个前提．

本书的主要内容包括，通过输入的影像恢复 3 维形状，得到的结果用计算机图形学的技术（Computer Graphics，CG）表示，本书对整个过程中涉及的原理、概念、描述、算法进行了详细叙述．身处时代前列，假使能加速时代潮流的发展，即使甚少，我也感到很荣幸．

对于 3 维形状和运动的表示和计算，数学知识不能缺少，为了更好地理解本书，需要学习一些线性代数和微分的知识．作为基础的数学知识，在附录中有相应的介绍，必要时可以参考．另外，在第二章以后的各章有一些练习题，在本书的最后附有相应的参考答案．本书中有多处难以写入的详细说明，都用作了练习题．

本书收录的大部分算法是作者工作单位立命馆大学理工学部情报学科计算机视觉研究室的试验结果．另外，本书所写的内容，可以用于 Kuraves-K 公司所销售的 3 维量测系统的开发．

这里，对参与本书试验的杉本典子、松井祐司、藤井友和、掘河武志、中山贵央、寺井準一、松冈美希、吉田雅博、森好司、寺本博久等表示感谢．没有他们参与试验，本书中所写的算法无法完成．另外，借此场合，感谢常常与我一起讨论相关问题的朋友——Microsoft 的 Zhengyou Zhang 博士，经常打扰的同事田中弘美教授、八村広三教授、小川均教授，秘书室圆女士，以及为本书的编辑作出努力的近代科学社的福泽富仁编辑部长．另外，本书的一部分是在Microsoft中国研究院以及Motolola澳大利亚研究中心执笔撰写的，对那里的Harry Shum博士和Wanging Li博士表示感谢．

最后，感谢我的家人（明代，星来和悠诗）．

徐刚

2000年12月

目 录

第1章　从2维影像到3维模型

1.1　进入由个人拍摄的影像建立3维模型的时代

人类依靠2维影像(视网膜中呈现的影像)感知3维世界,利用计算机完成同样的事情是计算机视觉(Computer Vision,CV)领域的主要研究内容.

另一方面,根据已知3维世界(至少假设已知)的投影合成影像的研究,是计算机图形学(Computer Graphics,CG)领域的主要工作.

计算机视觉(CV)与计算机图形学(CG)的研究内容正好相反.从2维影像中提取3维世界的信息的问题在数学上是一个病态问题(ill-posed problem),计算机图形学正好相反,是根据已知3维世界的信息合成影像,这是一个良性问题.前者难度大,应用范围小,后者占有娱乐、广告、虚拟现实等商业领域,是一个Big Business.看过电影《泰坦尼克号》的读者都会这样想,这是多么酷的CG作品啊.与CV相关的权威性的国际会议ICCV的参加者有数百人,与此相比,与CG相关的权威性的国际会议SIGGRAPH的参加者有数万人,研究人员之外的人也很多.这些数字可以说明二者的差别.

但是最近,可以看到CV在CG中的应用是一个新的发展方向,并充满活力.为了实现具体物体和环境的3维CG表示,对象的3维几何信息是必需的,在CG中以人工输入为主,效率很低,存在缺乏真实感等问题.比如,要用计算机图形学技术表示金阁寺,并在Internet上发布,则必须输入形状信息,没有CAD数据,对于比较大的物体尺寸的量测就难以进行.这时,利用CV技术,从影像中可以得到这些相关信息,从 CG 的输入考虑,Image-Based Modeling and Rendering(IBMR)是 CV 与 CG 结合的领域[8,19]. 这样,就有基于对象3维重建基础上的渲染方法,和基于记录全部影像光线的方法之间的差别.本书重点处理前者,对于后者,在《第11章 基于影像的渲染》这一章进行了简单介绍.3维重建的多种方法中,利用多视影像的方法最为成熟.这时,多视影像间的对应点信息是必需的.从原理上讲,如果给定对应点,就可以解算出具体的3维表示结果,作为对应点坐标的函数,可以计算出新视点下的影像坐标[37,52],这时,要表示这个物体,如果没有现成的 CG 工具(比如,VRML)的支持,就需要自己完成.但是,现实中,在3维模型已经复原的基础上,能用 CG 表示的地方,如果利用 CG 的工具就方便得多[67].比如,用 VRML 的形式表示,就可以在 Internet 浏览器(NetScape, Internet Explore)上显示.渲染主要通过纹理映射得到实现.

从2维影像恢复3维运动和形状,是计算机视觉的主要目标,出现了多种方法[10,42,60]. 这个问题可以分解为两部分:一个是对应问题,另一个是给定对应时运动和形状的计算算法的问题.前者还有很多问题没有解决,后者已经解决得比较好.

本书中,影像间特征点的对应由人工给定,主要对随后的3维计算、三角网的生成、纹理影像的生成等给予详细的介绍.这个过程基本上可以自动地完成.影像间特征点的对应,没有确定的方法,还在摸索中.

随着技术的进步,个人电脑、数码相机也开始普及.另外,个人电脑图形加速卡的性能和规格也在提高.今后,对我们房间中的大部分物体,通过数码相机照相,把照片输入到计算机中,解算出3维形状,再贴上纹理,这样3维 CG 都可以自己制作,自娱自乐,甚至在 Internet 上发布,也可以出现在游戏中等.这样的时代应该不会太远了.

本书中收录的大部分算法是作者工作所在地立命馆大学理工学部情报学科计算机视觉研究室的实验结果(一部分程序(可执行文件)在 www. cv. cs. ritsumei. ac. jp 上发布).这里使用的演示系统(3d-mode Ver. 0.9,试用版)预定在 www. 3d-mode. net 上发布更新版本.

1.2 本书中使用的专门术语及数学符号

3维形状一般通过3维空间中的点、线、面等来表现.对应具体的3维空间,它们的属性通过数值描述.通过影像“计算”形状的“数值表示”,数学的使用不可避免.本书尽量使用初等数学的知识.比如,很多人不习惯投影几何学的表达,因此本书中可以使用大学中都学习过的线性代数的描述方法来回避.另外,必要数学知识的描述包含在附录中,如果必要可以先行阅读,然后理解本书就不成问题了.

市面有关于线性代数计算之类的软件,[1]另外还有公开出版的程序集.[2]用户没有必要亲自去实现线性代数计算的程序,只需要将问题用线性代数的形式表示,结果就可以很快计算出来.因此,本书中,没有用几何学概念的语言描述,而尽量使用线性代数的表现手法,如果能够完全理解本书,可以学会一些实用的线性代数“技术”.

本书中使用到的专业术语的中英文对照如下:

pixel coordinate	数字影像坐标
normalized coordinate	规一化影像坐标
normalized camera	规一化相机
intrinsic matrix	相机内部矩阵
intrinsic parameters	相机内部参数
principle point	像主点
extrinsic matrix	外部矩阵
extrinsic parameters	外部参数
epipolar line (plane)	核线(面)
fundamental matrix	基础矩阵
essential matrix	本质矩阵

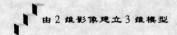

续表

homography matrix	摄影变换矩阵
perspective projection	透视(中心)投影
orthographic projection	正射投影
weak perspective projection	弱透视(中心)投影
affine projection	仿射投影
camera calibration	相机标定
self-calibration	自标定

本书中,一般情况下,2维影像坐标用小写,3维空间坐标用大写,向量用小写的黑体字表示,矩阵用大写的黑体字表示.例外的是,3维空间坐标向量用大写字母表示.另外,冠以"~"的量表示齐次坐标(扩展向量).例如 $\tilde{\boldsymbol{x}} = [\boldsymbol{x}^{\mathrm{T}}, 1]$.

需要表示多张影像的时候,经常用′来表示第二张影像,用″表示第三张影像.

表1.1列出了本书中的通用符号.

表1.1　　符号列表

$\cong$	不考虑缩放比例的情况下相等
$\times$	两个向量的叉乘,比如:$\boldsymbol{x} \times \boldsymbol{y}$
^{T}	向量或矩阵的转置
$^{-1}$	矩阵的逆矩阵
$^{-\mathrm{T}}$	矩阵的逆矩阵的转置
$^{+}$	矩阵的伪逆
$\Vert\ \Vert$	向量的模或矩阵的 Frobenius 模
$\mathbf{0}$	所有元素为0的向量

续表

$\boldsymbol{A}$	3×3 的相机内部矩阵
$\boldsymbol{D}$	4×4 的 3 维 Euclidean 变换矩阵
$\boldsymbol{e}$	影像上的极点
$\boldsymbol{E}$	3×3 的本质矩阵
f	相机的焦距
$\boldsymbol{F}$	3×3 的基本矩阵
$\boldsymbol{F}_A$	3×3 的仿射基本矩阵
$\boldsymbol{H}$	Hessian 矩阵或投影变换矩阵
$\boldsymbol{I}$	单位矩阵
$\boldsymbol{m}$	影像点坐标向量
$\boldsymbol{M}$	3 维空间点坐标向量
$\boldsymbol{P}$	3×4 的相机投影矩阵
$\boldsymbol{P}_A$	3×4 的仿射相机投影矩阵
$\boldsymbol{R}$	3×3 的旋转矩阵
$\boldsymbol{\Sigma}$	由奇异值构成的对角线矩阵
$\boldsymbol{t}$	3×1 的平移向量
$\boldsymbol{U}$	奇异值分解得到的左正交矩阵
$\boldsymbol{V}$	奇异值分解得到的右正交矩阵
$\boldsymbol{O}$	所有元素为 0 的矩阵

第2章　影像、相机及投影

本章叙述影像、相机及投影. 作为一般的输入数据,这里所说的影像,一般都是指数字影像. 影像是3维空间在相机中的投影. 相机成像模型,一般采用针孔模型(pin hole). 采用针孔成像模型的相机投影,称为中心投影. 相机具有像主点以及焦距等内部参数. 相机坐标系与世界坐标系间的旋转和平移,称为外部参数. 另外,平行投影、弱中心投影、模拟中心投影、仿射投影等作为中心投影的近似,也经常被用到. 以上所述的投影、内部参数、外部参数等在本书中都以线性代数的形式给予简洁的表达.

2.1　数字影像与数字影像坐标系

作为一般的输入数据,这里所说的影像都是指数字影像. 数字影像由2维的像素(pixel)阵列构成. 现在,典型的影像尺寸是640×480像素. 一般,每个像素包含8bit的信息量,可以表示0~255,共256个不同的数值. 另外彩色影像,每个像素有红(R)绿(G)蓝(B)三种颜色. 三种颜色分别形成一幅影像. 这样,它就具有单色影像三倍的数据量.

数字影像的坐标系经常以图2.1所示的形式表示. 坐标原点在左上角,横轴 u 的正方向向右,纵轴 v 的正方向向下. 各像素由整数坐标值 (u,v) 表示. 这样的坐标系称为数字影像坐标系,(u,v) 称为数字影像坐标(pixel coordinate).

利用数字影像坐标系表示实际的影像,使用很方便,对于投影关系的表达,利用2.4节叙述的规一化影像坐标系比较方便.

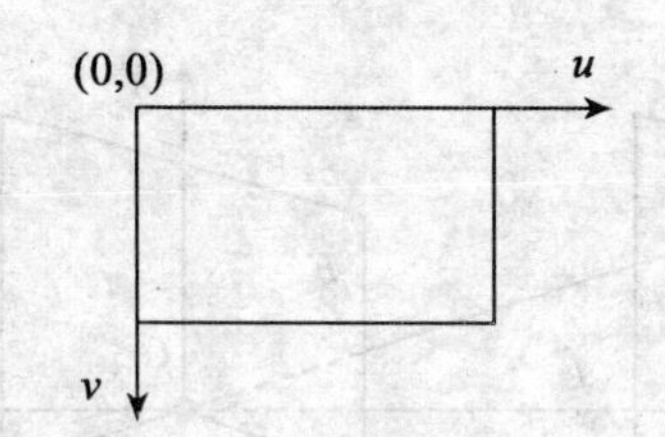

图 2.1　数字影像坐标系的坐标原点在左上角，横轴 u 的正方向向右，纵轴 v 的正方向向下

2.2　针孔相机与中心投影

图 2.2 表示针孔(pinhole)相机的成像过程. 在到影像平面 I 的距离为 f 的地方放置一个与其平行的平面 F，它上面有一个小孔，即点 C. 从物体上来的光线经过小孔，即点 C，在影像平面上成像. 物体上的点、小孔、影像平面上的像点在一条直线上. 这种投影称为中心投影(perspective projection). 点 C 是镜头中心(focal point)，也称为焦点(focus)，平面 F 是焦平面(focal plane)，从镜头中心到影像平面的距离 f 称为焦距(focal length). 通过点 C 与影像平面垂直的线叫光轴(optical axis)，光轴与影像平面的交点 c 称为光轴点(principal point). 毫无疑问，光轴也同样垂直于焦平面. 这种模型可以正确地描述一般 CCD 相机的成像过程.

下面首先定义描述中心投影方程式的坐标系. 定义影像坐标系的坐标原点为光轴点 c，x 轴和 y 轴分别与相机像素的配置轴重合，如果将光轴作为第三轴，其方向可以由右手法则确定. 接下来定义 3 维空间中的坐标系：将焦点 C 作为坐标原点，光轴为 Z 轴，X 轴和 Y 轴分别与影像坐标系的 x 轴和 y 轴平行，方向相反. 这样的话，符合右手法则，右手系的旋转矩阵使用起来比较方便. 这种(C, X, Y, Z)坐标系称为相机坐标系.

在上述坐标系下，空间点的 3 维坐标与 2 维影像点坐标之间存在下述的关系：

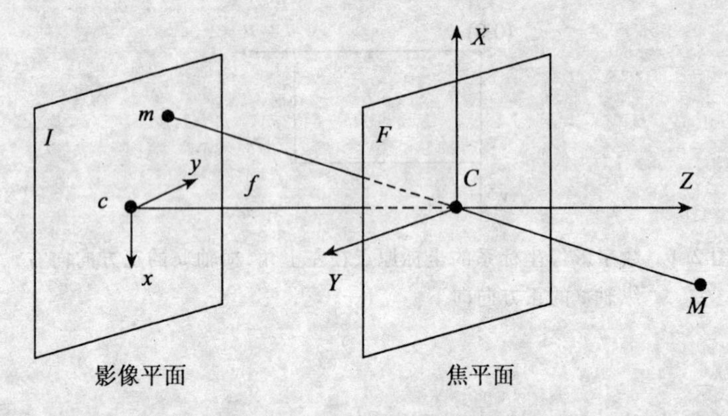

图 2.2　针孔相机模型. 针孔相机的投影为中心投影. 3 维空间坐标系的原点在相机的镜头中心,像平面在镜头中心的后方

$$\left.\begin{aligned} x &= f\frac{X}{Z}, \\ y &= f\frac{X}{Z}. \end{aligned}\right\} \tag{2.1}$$

如图 2.3 所示,影像平面从焦平面的后方移到焦平面的前方,并反转,上述的关系仍成立. 计算机视觉中,更多地使用这种表示方法,本书以后都使用图 2.3 中所示的坐标系. 注意,这里影像上的点(x, y)在相机坐标系中表示为(x, y, f).

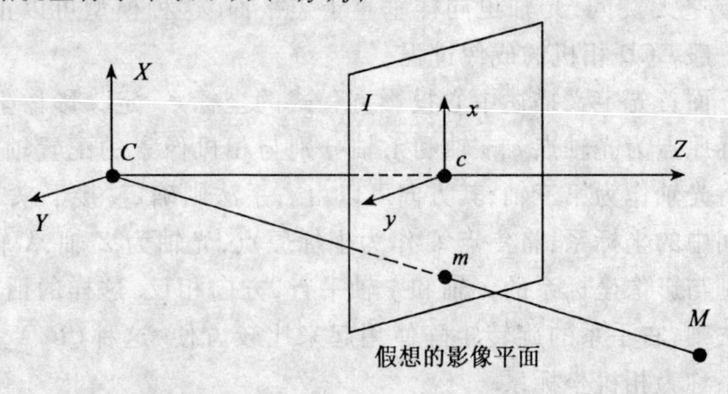

图 2.3　将假想的影像平面放在镜头中心之前的针孔相机模型. 一般情况下都使用该模型

2.3　摄影矩阵及外部参数

非线性公式(2.1)可以写为下面的线性形式：

$$\begin{bmatrix} x \\ y \\ 1 \end{bmatrix} \cong \begin{bmatrix} f & 0 & 0 & 0 \\ 0 & f & 0 & 0 \\ 0 & 0 & 1 & 0 \end{bmatrix} \begin{bmatrix} X \\ Y \\ Z \\ 1 \end{bmatrix}. \tag{2.2}$$

这里，(X,Y,Z)为3维空间点坐标，(x,y)为影像上投影点的坐标. $\cong$表示不考虑缩放比例的情况下相等.

给定坐标向量$\boldsymbol{x}=(x,y,\cdots)^{\mathrm{T}}$，在其后面添加一个元素1之后变为$(x,y,\cdots,1)^{\mathrm{T}}$，称为$\boldsymbol{x}$的齐次坐标(homogeneous coordinates)，也叫扩展矢量(augmented vector)，用$\tilde{\boldsymbol{x}}$表示. 使用齐次坐标表示，式(2.2)变为：

$$\tilde{\boldsymbol{m}} \cong \boldsymbol{P}\tilde{\boldsymbol{M}}. \tag{2.3}$$

其中

$$\boldsymbol{P} = \begin{bmatrix} f & 0 & 0 & 0 \\ 0 & f & 0 & 0 \\ 0 & 0 & 1 & 0 \end{bmatrix}$$

称为中心投影矩阵.

到目前为止，3维空间内的点都表示在相机坐标系中，而用其他世界坐标系(world coordinate system)表示的情况也很多. 这时，就需要首先将坐标由世界坐标系转到相机坐标系，然后才可以使用式(2.2).

如图2.4所示，相机坐标系首先旋转，然后保持姿态不变平移，得到世界坐标系. 旋转是一个3×3的矩阵$\boldsymbol{R}$，平移由3×1的向量$\boldsymbol{t}$表示. $\boldsymbol{R}$具有下述的性质.

$$\boldsymbol{R}\boldsymbol{R}^{\mathrm{T}} = \boldsymbol{R}^{\mathrm{T}}\boldsymbol{R} = \boldsymbol{I}, \tag{2.4}$$

$$\det(\boldsymbol{R}) = 1. \tag{2.5}$$

这里,$\boldsymbol{I}$是单位矩阵. 这里有6个独立的约束条件,因此旋转矩阵只有3个自由度. 关于旋转的详细描述见第3章.

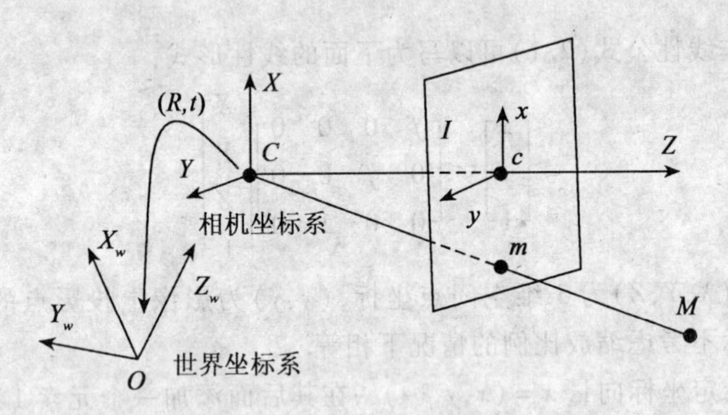

图2.4　世界坐标系与相机外部参数. 世界坐标系下的3维点通过相机外部参数变换到相机坐标系下,投影到像平面上

点在相机坐标系下的坐标$\boldsymbol{M}_c$与点在世界坐标系的坐标$\boldsymbol{M}_\omega$的关系如下:

$$\boldsymbol{M}_c = \boldsymbol{R}\boldsymbol{M}_\omega + \boldsymbol{t} \tag{2.6}$$

或

$$\tilde{\boldsymbol{M}}_c = \boldsymbol{D}\tilde{\boldsymbol{M}}_\omega. \tag{2.7}$$

这里,

$$\boldsymbol{D} = \begin{bmatrix} \boldsymbol{R} & \boldsymbol{t} \\ \boldsymbol{0}_3^{\mathrm{T}} & 1 \end{bmatrix}, \quad \boldsymbol{0}_3 = [0,0,0]^{\mathrm{T}} \tag{2.8}$$

是3维空间的Euclidean变换,也称做刚体变换(rigid transformation),任何刚体运动都可以用它表示.

由式(2.3)与(2.7)得到,

$$\tilde{\boldsymbol{m}} \cong \boldsymbol{P}\tilde{\boldsymbol{M}}_c = \boldsymbol{P}\boldsymbol{D}\tilde{\boldsymbol{M}}_\omega,$$

则新的投影矩阵可以表示为

$$\boldsymbol{P}_{\text{new}} = \boldsymbol{P}\boldsymbol{D}. \tag{2.9}$$

2.4　规一化相机及内部参数

本节讨论相机模型的内部参数. 相机模型确定之后,接下来就需要考虑下列一些情况:

(1)光轴点在哪里确定不了;

(2)影像的两个坐标轴的比例不一定相同(像素不是正方形的时候);

(3)实际影像的两个坐标轴不一定垂直等.

这时,我们来考察图 2.5 所示的两个坐标系. 坐标系(c, x, y)是以光轴点 c 为原点,x 轴和 y 轴具有同样的比例. 坐标系(o, u, v)为 2.1 节所述的数字影像坐标系.

首先,假定 x 轴与 u 轴平行. 以坐标系(c, x, y)为基准,u 轴与 v 轴的单位分别为 k_u 和 k_v. u 轴与 v 轴之间的角度为 θ,不一定是直角. 光轴点在坐标系(o, u, v)中的坐标为$[u_0, v_0]^{\mathrm{T}}$.

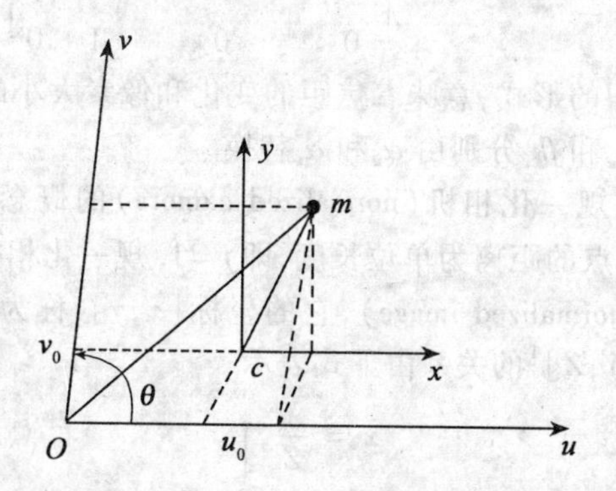

图 2.5　相机内部参数. 相机横轴与纵轴之间的夹角为 θ,各个轴的单位长分别为 k_u 和 k_v,影像的中心(光轴的位置)的坐标为 u_0 和 v_0

假定坐标系(o, u, v)与坐标系(c, x, y)中坐标分别为 $\boldsymbol{m}_P = [u, v]^{\mathrm{T}}$, $\boldsymbol{m}_S = [x, y]^{\mathrm{T}}$,则下面的关系式成立

$$\tilde{\boldsymbol{m}}_p = \boldsymbol{H}\tilde{\boldsymbol{m}}_S. \tag{2.10}$$

其中

$$\boldsymbol{H} = \begin{bmatrix} k_u & -k_u\cot\theta & u_0 \\ 0 & \dfrac{k_v}{\sin\theta} & v_0 \\ 0 & 0 & 1 \end{bmatrix}.$$

利用式(2.3),可得

$$\tilde{\boldsymbol{m}}_S \cong \boldsymbol{P}_{\text{old}}\tilde{\boldsymbol{M}}.$$

将式(2.10)代入,得到

$$\tilde{\boldsymbol{m}}_p \cong \boldsymbol{P}_{\text{new}}\tilde{\boldsymbol{M}}.$$

其中

$$\boldsymbol{P}_{\text{new}} = \boldsymbol{HP}_{\text{old}} = \begin{bmatrix} fk_u & -fk_u\cot\theta & u_0 & 0 \\ 0 & \dfrac{fk_v}{\sin\theta} & v_0 & 0 \\ 0 & 0 & 1 & 0 \end{bmatrix}. \tag{2.11}$$

fk_u和fk_v是乘积的形式,意味着焦距的变化和像素大小的变化无法区别. 因此,将fk_u和fk_v分别由α_u和α_v替换.

这里引入规一化相机(normalized camera)的概念. 规一化相机的像平面与焦点的距离为单位长度,即$f=1$. 规一化相机的影像称为规一化影像(normalized image),它的坐标$[x,y]^{\mathrm{T}}$称为规一化坐标. $[x,y]^{\mathrm{T}}$与$[X,Y,Z]^{\mathrm{T}}$的关系由下式表示.

$$\left.\begin{aligned} x &= \frac{X}{Z}, \\ y &= \frac{X}{Z}. \end{aligned}\right\} \tag{2.12}$$

这时投影矩阵为

$$\boldsymbol{P}_N = \begin{bmatrix} 1 & 0 & 0 & 0 \\ 0 & 1 & 0 & 0 \\ 0 & 0 & 1 & 0 \end{bmatrix}. \tag{2.13}$$

根据上面的叙述,$\boldsymbol{P}_{\text{new}}$可以分解为

$$\boldsymbol{P}_{\text{new}} = \boldsymbol{A}\boldsymbol{P}_N. \tag{2.14}$$

其中

$$\boldsymbol{A} = \begin{bmatrix} \alpha_u & -\alpha_u \cot\theta & u_0 \\ 0 & \dfrac{\alpha_v}{\sin\theta} & v_0 \\ 0 & 0 & 1 \end{bmatrix}. \tag{2.15}$$

矩阵 $\boldsymbol{A}$ 由相机内部参数构成,称为相机的内部矩阵(camera intrinsic matrix). k_u, k_v, θ, u_0, v_0等 5 个参数为相机固有,因此称为相机的内部参数(camera intrinsic parameters). 确定相机内部参数或相机内部矩阵的过程称为相机标定(camera calibration).

给定影像的数字影像坐标时,可以求得规一化的影像坐标为

$$\tilde{\boldsymbol{x}} = \begin{bmatrix} x \\ y \\ 1 \end{bmatrix} = \boldsymbol{A}^{-1} \begin{bmatrix} u \\ v \\ 1 \end{bmatrix} = \boldsymbol{A}^{-1}\tilde{\boldsymbol{m}}. \tag{2.16}$$

无论用什么相机,都可以实现从数字影像坐标到规一化影像坐标的变换,但必须考虑各个相机的特性,有时会考虑规一化相机条件下的视觉问题[22].

最近,随着制造技术的进步,影像的两个坐标轴之间的角度是直角($\theta = \dfrac{\pi}{2}$),CCD 像素是正方形($f = \alpha_u = \alpha_v$)已经可以保证. 未知的内部参数变为 3 个,即光轴点(u_0, v_0)和焦距(f). 另外,有时认为光轴点在影像中心不会产生问题,这时,只有焦距未知. 在不需要高精度的时候,这种简化模型足够了.

联合式(2.9)与式(2.14),得到包含内部参数和外部参数的投影矩阵的一般形式

$$\boldsymbol{P} = \boldsymbol{A}\boldsymbol{P}_N\boldsymbol{D} = \boldsymbol{A}[\boldsymbol{R} \quad \boldsymbol{t}], \tag{2.17}$$

即,从 3 维世界坐标 $\boldsymbol{M} = [X, Y, Z]^{\mathrm{T}}$到 $\boldsymbol{m} = [u, v]^{\mathrm{T}}$的投影变换由下式确定:

$$\tilde{\boldsymbol{m}} \cong \boldsymbol{P}\tilde{\boldsymbol{M}}. \tag{2.18}$$

由于 $\boldsymbol{P}$ 的单位任意,因此具有 11 个自由度,等于内部参数个数(5 个)和外部参数个数(6 个)的和.

2.5 投影近似:平行投影,弱中心投影,模拟中心投影,仿射投影

从目前的推导可以看出,中心投影是一个非线性函数.由于非线性,产生许多困难,而且,在视场角比较小的情况下,中心投影的解会变得不稳定.

这样,在满足一定条件的情况下,可以使用中心投影的线性近似.与一般的线性近似相同,这里的条件是指式(2.1)中的分母 Z 基本不变,更准确的说法是,对象物体的尺寸大小与相机到物体的距离相比非常小.

后面会详细论述这种线性近似,根据其阶数的不同可以分为弱中心投影(weak perspective projection)和虚拟中心投影(paraperspective projection).平行投影(orthographic projection)是弱中心投影的特殊形式[16,65].仿射投影(affine projection)是这些线性化投影的一般形式[45].这些近似投影模型的应用非常广泛.

为了简洁,下面的讨论中使用规一化相机.即,焦点距离为单位长($f=1$).对象物体的重心的 3 维坐标为 $[X_c, Y_c, Z_c]^{\mathrm{T}}$,一般点的 3 维坐标由 $[X,Y,Z]^{\mathrm{T}} = [X_c + \Delta X, Y_c + \Delta Y, Z_c + \Delta Z]^{\mathrm{T}}$ 表示.投影方程变为

$$\begin{bmatrix} x \\ y \end{bmatrix} = \begin{bmatrix} X_c + \Delta X \\ Y_c + \Delta Y \end{bmatrix} \frac{1}{Z_c + \Delta Z}.$$

然后在物体重心处进行泰勒展开得到

$$\begin{bmatrix} x \\ y \end{bmatrix} = \begin{bmatrix} X_c + \Delta X \\ Y_c + \Delta Y \end{bmatrix} \frac{1}{Z_c} \left(1 - \frac{\Delta Z}{Z_c} + O\left(\frac{Z_c}{Z}\right)^2 \right)$$

$$
= \begin{bmatrix} \frac{X_c}{Z_c} + \frac{\Delta X}{Z_c} - \frac{X_c}{Z_c^2}\Delta Z - \frac{\Delta X \Delta Z}{Z_c^2} + O\left(\frac{Z_c}{Z}\right)^2 \\ \frac{Y_c}{Z_c} + \frac{\Delta Y}{Z_c} - \frac{Y_c}{Z_c^2}\Delta Z - \frac{\Delta Y \Delta Z}{Z_c^2} + O\left(\frac{Z_c}{Z}\right)^2 \end{bmatrix}. \tag{2.19}
$$

其中，$O\left(\frac{Z_c}{Z}\right)^2$ 为$\frac{Z_c}{Z}$的 2 次方以上的项.

截至$\frac{Z_c}{Z}$的零次项的近似，为

$$
\begin{bmatrix} x \\ y \end{bmatrix} = \begin{bmatrix} \frac{X_c}{Z_c} + \frac{\Delta X}{Z_c} \\ \frac{Y_c}{Z_c} + \frac{\Delta Y}{Z_c} \end{bmatrix} = \frac{1}{Z_c}\begin{bmatrix} x \\ y \end{bmatrix}.
$$

这就是所有弱中心投影的投影公式，即中心投影的 0 次近似(zero-order approximation). 如果 $Z_c = 1$，投影公式可以进一步简化为

$$
\begin{bmatrix} x \\ y \end{bmatrix} = \begin{bmatrix} X \\ Y \end{bmatrix}.
$$

这就是所谓的平行投影. 因此，可以认为平行投影是弱中心投影的特殊形式.

保留$\frac{Z_c}{Z}$的 1 次项，消除$\frac{\Delta X \Delta Z}{Z_c^2}$和$\frac{\Delta Y \Delta Z}{Z_c^2}$等二次项之后的近似形式为

$$
\begin{bmatrix} x \\ y \end{bmatrix} = \begin{bmatrix} \frac{X_c}{Z_c} + \frac{\Delta X}{Z_c} - \frac{X_c}{Z_c^2}(Z - Z_c) \\ \frac{Y_c}{Z_c} + \frac{\Delta Y}{Z_c} - \frac{Y_c}{Z_c^2}(Z - Z_c) \end{bmatrix} = \frac{1}{Z_c}\begin{bmatrix} X - \frac{X_c}{Z_c}Z + X_c \\ Y - \frac{X_c}{Z_c}Z + Y_c \end{bmatrix}.
$$

这是虚拟中心投影的投影式，即中心投影的 1 次近似(first-order approximation).

下面来考察这些投影模型的几何意义.

如图 2.6 所示，对于平行投影，由于物体的成像平面为正射投影，物体的尺寸大小和影像的尺寸大小相同. 如果具有相同的形状和

姿态,则无论物体距离相机远近,距离光轴远近,都得到同样的影像.这是一种相当脱离实际的模型.

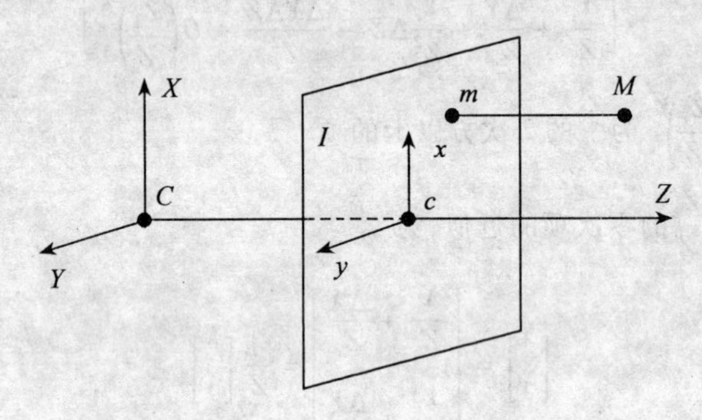

图 2.6　平行投影的几何意义. 无论物体距离相机是近还是远,无论光轴是长还是短,影像不变

对于弱中心投影与虚拟中心投影,远近效果可以在影像中表示出来. 它们与如图 2.7 和图 2.8 所示的 2 阶投影等价. 即,①物体上的各点,正射投影到与通过物体重心的平面平行的平面上;②将上述的成像结果以中心投影方式投影到影像面上. 由于利用了中心投影,所以物体远则成像小,物体近则成像大.

对于弱中心投影,如图 2.7 所示,正射投影的方向与光轴平行,结果,影像与光轴的距离不变. 而如图 2.8 所示,虚拟中心投影中,正射投影方向与焦点和物体重心的连线平行,因此物体距离光轴的距离可以在影像上反映出来.

下面叙述这些投影模型的投影矩阵.

弱中心投影的投影矩阵为

$$\boldsymbol{P}_{wp}=\begin{bmatrix}1&0&0&0\\0&1&0&0\\0&0&0&Z_c\end{bmatrix}. \tag{2.20}$$

如果将上式中的 Z_c 变为单位长,则得到平行投影的投影矩阵

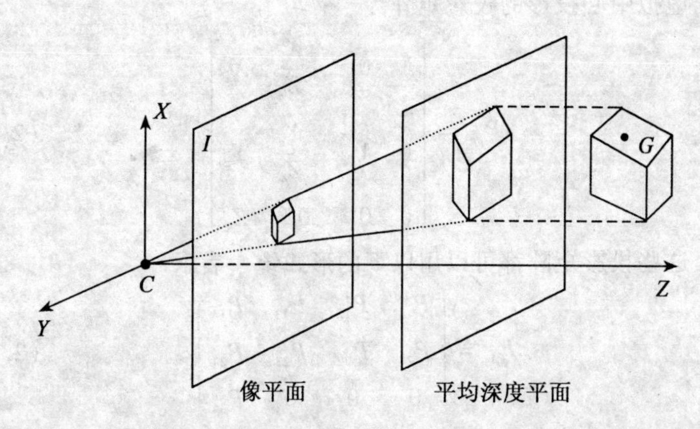

图 2.7　弱中心投影的几何意义. 为了便于观察,通过物体重心的平面放在物体的前面. 随着物体到相机的距离变化,成像变大或变小. 但是,成像与物体到光轴的距离无关

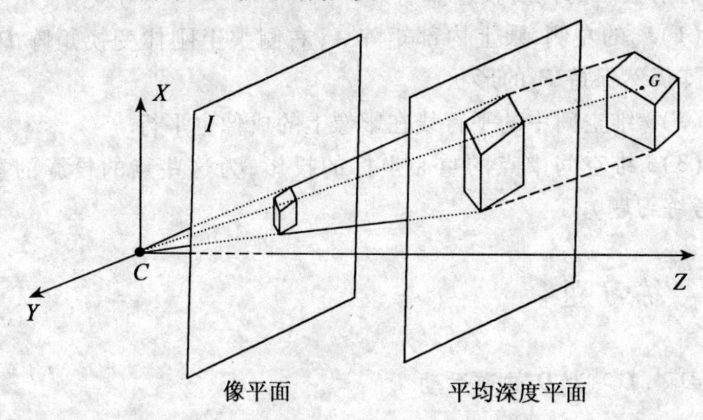

图 2.8　虚拟中心投影的几何意义. 为了便于观察,通过物体重心的平面放在物体的前面. 它比弱中心投影更接近于中心投影. 到相机的距离,以及到光轴的距离,在影像上都可以反映出来

$$\boldsymbol{P}_0 = \begin{bmatrix} 1 & 0 & 0 & 0 \\ 0 & 1 & 0 & 0 \\ 0 & 0 & 0 & 1 \end{bmatrix}. \tag{2.21}$$

虚拟中心投影的投影矩阵为

$$\boldsymbol{P}_{pp}=\begin{bmatrix}1 & 0 & -\dfrac{X_c}{Z_c} & X_c\\ 0 & 1 & -\dfrac{Y_c}{Z_c} & Y_c\\ 0 & 0 & 0 & Z_c\end{bmatrix}. \tag{2.22}$$

这些投影矩阵都可以用以下的形式统一表示

$$\boldsymbol{P}_{A}=\begin{bmatrix}P_{11} & P_{12} & P_{13} & P_{14}\\ P_{21} & P_{22} & P_{23} & P_{24}\\ 0 & 0 & 0 & P_{34}\end{bmatrix}. \tag{2.23}$$

其中,$P_{31}=P_{32}=P_{33}=0$. 式(2.23)确定的投影叫做仿射投影,利用仿射投影模型的相机称为仿射相机(affine camera).

仿射投影的性质叙述如下:

(1)$\boldsymbol{P}_A$的左侧,乘上内部矩阵 $\boldsymbol{A}$,右侧乘上刚体变换矩阵 $\boldsymbol{D}$,结果矩阵仍然保持 $\boldsymbol{P}_A$的形状.

(2)3 维空间中的平行线在影像上的成像也平行.

(3)3 维空间中点的重心坐标的投影,为这些点的投影的重心(参考练习题).

2.6 练习题

1. 求 $\boldsymbol{D}^{-1}$. $\boldsymbol{D}^{-1}$为 $\boldsymbol{D}$ 的逆运动.

2. 当 $\theta=\dfrac{\pi}{2}$,$\alpha_u=\alpha_v$时,求 $\boldsymbol{A}^{-1}$.

3. 设 $\boldsymbol{P}_A$为任意的仿射投影矩阵. 证明 $\boldsymbol{A}\boldsymbol{P}_A\boldsymbol{D}$ 也为仿射投影矩阵.

4. $\boldsymbol{M}_i$,$i=1,2,\cdots,n$ 表示 3 维空间中的 n 个点,$\boldsymbol{m}_i$,$i=1,2,\cdots,n$ 为对应的仿射投影. 证明 $S\tilde{\bar{\boldsymbol{m}}}=\boldsymbol{P}_A\tilde{\bar{\boldsymbol{M}}}$. 这里,$\bar{\boldsymbol{m}}$为 $\boldsymbol{m}_i$,$i=1,2,\cdots,n$ 的重心,$\bar{\boldsymbol{M}}$为 $\boldsymbol{M}_i$,$i=1,2,\cdots,n$ 的重心.

5. 证明,对于任意的 3×1 的向量 $\boldsymbol{r}$,有$[\boldsymbol{r}]_{\times}^{2}=\boldsymbol{r}\boldsymbol{r}^{\mathrm{T}}-(\boldsymbol{r}^{\mathrm{T}}\boldsymbol{r})\boldsymbol{I}$.

第 3 章　3 维空间中旋转的表示和计算

3 维空间中的旋转具有 3 个自由度,其表示方法有多种. 首先,可以用 3 个旋转角表示旋转. 经常使用的有欧拉角(Euler angle)和 roll, pitch, yaw 角等[5]. 另外,由旋转轴与旋转量组成的向量以及 4 元数的表示方法也经常用到[22, 29].

旋转矩阵有 9 个元素,自由度(degree of freedom)只有 3 个. 由于要微分等原因,把旋转矩阵表示为上述角度或向量的函数更加方便一些. 下面详细叙述旋转的各种表示方法.

3.1　欧拉角

任何旋转运动都可以表示为绕 Z 轴旋转 α 角,然后绕新的 Y 轴旋转 β 角,最后绕新的 Z 轴旋转 γ 角的三阶段旋转. 这里 α,β,γ 称为欧拉角,旋转矩阵 $\boldsymbol{R}$ 可以表示为:

$$\boldsymbol{R}=\boldsymbol{R}(Z,\alpha)\boldsymbol{R}(Y,\beta)\boldsymbol{R}(Z,\gamma)$$

$$=\begin{bmatrix}\cos\theta & -\sin\alpha & 0\\ \sin\alpha & \cos\theta & 0\\ 0 & 0 & 1\end{bmatrix}\begin{bmatrix}\cos\beta & 0 & \sin\beta\\ 0 & 1 & 0\\ -\sin\beta & 0 & \cos\beta\end{bmatrix}\begin{bmatrix}\cos\gamma & -\sin\gamma & 0\\ \sin\gamma & \cos\gamma & 0\\ 0 & 0 & 1\end{bmatrix}$$

$$=\begin{bmatrix}\cos\alpha\cos\beta\cos\gamma-\sin\alpha\sin\gamma & -\cos\alpha\cos\beta\sin\gamma-\sin\alpha\cos\gamma & \cos\alpha\sin\beta\\ \sin\alpha\cos\beta\cos\gamma+\cos\alpha\sin\gamma & -\sin\alpha\cos\beta\sin\gamma+\cos\alpha\cos\gamma & \sin\alpha\sin\beta\\ -\sin\beta\cos\gamma & \sin\beta\sin\gamma & \cos\beta\end{bmatrix} \tag{3.1}$$

旋转的欧拉角表示方法不惟一(参照练习题). 比如有:

$$\boldsymbol{R}=\boldsymbol{R}(Z,\alpha\pm\pi)\boldsymbol{R}(Y,\beta)\boldsymbol{R}(Z,\gamma\pm\pi)=\boldsymbol{R}(Z,\alpha)\boldsymbol{R}(Y,-\beta)\boldsymbol{R}(Z,\gamma)$$

总是成立. 但是,假如对 α 的范围加上 $-\frac{\pi}{2}<\alpha<\frac{\pi}{2}$ 的限制,表达则惟一.

3个欧拉角中,两个绕 Z 轴旋转,分别表示影像内的旋转,因此在表示影像间的3维旋转时,只有一个与距离有关. 就像后面将要叙述的那样,这有利于3维运动的恢复.

3.2 roll, pitch, yaw

任何旋转,都可以由绕 Z 轴旋转角 ϕ(roll),然后绕新的 Y 轴旋转角 θ(pitch),最后绕新的 X 轴旋转角 ψ(yaw)的三阶段的旋转表示. 在自动控制等学科中也经常被用到. 与欧拉角不同的是,存在第3个旋转轴.

使用 roll, pitch, yaw 表示旋转时,旋转矩阵 $\boldsymbol{R}$ 由式(3.2)表示:

$$\begin{aligned}
\boldsymbol{R} &= \boldsymbol{R}(Z,\phi)\boldsymbol{R}(Y,\theta)\boldsymbol{R}(Z,\psi) \\
&= \begin{bmatrix} \cos\phi & -\sin\phi & 0 \\ \sin\phi & \cos\phi & 0 \\ 0 & 0 & 1 \end{bmatrix} \begin{bmatrix} \cos\theta & 0 & \sin\theta \\ 0 & 1 & 0 \\ -\sin\theta & 0 & \cos\theta \end{bmatrix} \begin{bmatrix} 1 & 0 & 0 \\ 0 & \cos\psi & -\sin\psi \\ 0 & \sin\psi & \cos\psi \end{bmatrix} \\
&= \begin{bmatrix} \cos\phi\cos\theta & \cos\phi\sin\theta\sin\psi-\sin\phi\cos\psi & \cos\phi\sin\theta\cos\psi+\sin\phi\sin\psi \\ \sin\phi\cos\theta & \sin\phi\sin\theta\sin\psi+\cos\phi\cos\psi & \sin\phi\sin\theta\cos\psi-\cos\phi\sin\psi \\ -\sin\theta & \cos\theta\sin\psi & \cos\theta\cos\psi \end{bmatrix}.
\end{aligned} \tag{3.2}$$

与欧拉角一样,用 roll, pitch, yaw 表示的旋转也不惟一.

3.3 旋转轴及旋转速度

还可以用3维向量 $\boldsymbol{r}=[r_1,r_2,r_3]^{\mathrm{T}}$ 表示旋转. 向量的方向为旋转轴,向量的长度表示旋转量.

首先定义矩阵的指数. 如果 $\boldsymbol{M}$ 为 $m\times m$ 的矩阵,则定义 e^{M} 为

$$e^{M} = I + \frac{1}{1!}M + \frac{1}{2!}M^2 + \cdots + \frac{1}{n!}M^n + \cdots \tag{3.3}$$

这里,M^n 为 n 个 M 的乘积.

对于任意的 3×1 的向量 r,矩阵$[r]_\times$定义为以下的形式

$$[r]_\times = \begin{bmatrix} 0 & -r_3 & r_2 \\ r_3 & 0 & -r_1 \\ -r_2 & r_1 & 0 \end{bmatrix}. \tag{3.4}$$

这样,由于具有下面的性质(证明参考练习题),

$$(e^{[r]_\times})^{T} e^{[r]_\times} = I, \det(e^{[r]_\times}) = 1$$

可知 $e^{[r]_\times}$为旋转矩阵.

由 $R = e^{[r]_\times}$的定义,可以得到 Rodrigues 公式:

$$R = e^{[r]_\times} = I + \frac{\sin\theta}{\theta}[r]_\times + \frac{1-\cos\theta}{\theta^2}[r]_\times^2. \tag{3.5}$$

这里,$\theta = \|r\|$. 对于这个公式,下面给出其证明. 首先,可以很容易地得到

$$[r]_\times^3 = -\|r\|^2[r]_\times = -\theta[r]_\times.$$

这样就意味着

$$[r]_\times^{2n+1} = (-1)^n\theta^{2n}[r]_\times, \quad n\geqslant 0,$$
$$[r]_\times^{2n} = (-1)^{n-1}\theta^{2n-2}[r]_\times^2, \quad n\geqslant 1.$$

这里 n 为自然数. 由于函数 $\sin\theta$ 和 $\cos\theta$ 可以表示为

$$\sin\theta = \sum_{n=0}^{\infty}(-1)^n\frac{\theta^{2n+1}}{(2n+1)!}, \quad \cos\theta = \sum_{n=0}^{\infty}(-1)^n\frac{\theta^{2n}}{(2n)!},$$

这样就可以推导出式(3.5).

如果,定义$\bar{r} = \dfrac{r}{\theta}$,则式(3.5)变为以下的形式:

$$R = e^{[r]_\times} = I + \sin\theta[\bar{r}]_\times + (1-\cos\theta)[\bar{r}]_\times^2. \tag{3.6}$$

下面考虑由旋转矩阵 R 求解向量 r. 首先求 θ. 求解 R 的 trace,则有下式(参考本章练习题 5 答案).

$$\mathrm{trace}(R) = 2\cos\theta + 1. \tag{3.7}$$

由于,绕轴$\bar{r}$旋转 θ 角得到的旋转,与绕轴 $-\bar{r}$旋转 $-\theta$ 角得到的

旋转相同,因此答案有两个. 这里,限制旋转角为非负值. 加上这个条件之后,旋转角可以通过下式求出:

$$\theta = \arccos \frac{\operatorname{trace}(\boldsymbol{R}) - 1}{2}. \tag{3.8}$$

下面,考虑求解旋转轴的方向. 式(3.6)的两侧同时乘上$\bar{\boldsymbol{r}}$,由于$\bar{\boldsymbol{r}} \times \bar{\boldsymbol{r}} = \boldsymbol{0}$,可以得到下式:

$$\boldsymbol{R}\bar{\boldsymbol{r}} = \bar{\boldsymbol{r}}. \tag{3.9}$$

这个式子意味着,无论是否加入旋转 $\boldsymbol{R}$,对于旋转轴都没有任何变化. 另外,式(3.9)为特征方程式(参考附录C),因此,$\boldsymbol{R}$ 的三个特征值中包含1,其对应的特征矢量即为$\bar{\boldsymbol{r}}$. 作为式(3.9)的解,$\bar{\boldsymbol{r}}$可以由下式求出:

$$\bar{\boldsymbol{r}} = \frac{\boldsymbol{a}}{\|\boldsymbol{a}\|}. \tag{3.10}$$

其中,

$$\boldsymbol{a} = \begin{bmatrix} r_{32} - r_{23} \\ r_{13} - r_{31} \\ r_{21} - r_{12} \end{bmatrix}.$$

由于$-\bar{\boldsymbol{r}}$也是式(3.9)的解,因此加上旋转角非负的条件,就可以确定式(3.10)的符号了.

3.4 4元数

4元数(quaternion)由一个4维向量 $\boldsymbol{q} = [\lambda_0, \lambda_1, \lambda_2, \lambda_3]^{\mathrm{T}}$定义. 也经常用一个长度 $a = \lambda_0$ 和一个3维向量 $\boldsymbol{b} = [\lambda_1, \lambda_2, \lambda_3]^{\mathrm{T}}$一起组成的向量组$(a, \boldsymbol{b})$来表示. 实数 x 的4元数表示为$(x, \boldsymbol{0})$,3×1 的矢量 $\boldsymbol{v}$ 的4元数表示为$(0, \boldsymbol{v})$.

两个4元数的乘积由下式定义:

$$\boldsymbol{q} \times \boldsymbol{q}' = (aa' - \boldsymbol{b}^{\mathrm{T}}\boldsymbol{b}', a\boldsymbol{b}' + a'\boldsymbol{b} + \boldsymbol{b} \times \boldsymbol{b}').$$

另外,4元数 $\boldsymbol{q}$ 的共轭(conjugate),以及它的长度分别定义为:

$\bar{\boldsymbol{q}} = (a, -\boldsymbol{b})$, $|\boldsymbol{q}|^2 = \boldsymbol{q} \times \bar{\boldsymbol{q}} = (a^2 + \|\boldsymbol{b}\|^2, 0) = (\|\boldsymbol{q}\|^2, 0)$.

旋转可以用满足条件$|\boldsymbol{q}| = 1$的 4 元数 $\boldsymbol{q} = (a, \boldsymbol{b})$表示. 使用4 元数时,旋转矩阵可以通过下式表示:

$$\boldsymbol{R} = \begin{bmatrix} \lambda_0^2 + \lambda_1^2 - \lambda_2^2 - \lambda_3^2 & 2(\lambda_1\lambda_2 - \lambda_0\lambda_3) & 2(\lambda_1\lambda_3 + \lambda_0\lambda_2) \\ 2(\lambda_1\lambda_2 + \lambda_0\lambda_3) & \lambda_0^2 - \lambda_1^2 + \lambda_2^2 - \lambda_3^2 & 2(\lambda_2\lambda_3 - \lambda_0\lambda_1) \\ 2(\lambda_1\lambda_3 - \lambda_0\lambda_2) & 2(\lambda_2\lambda_3 + \lambda_0\lambda_1) & \lambda_0^2 - \lambda_1^2 - \lambda_2^2 + \lambda_3^2 \end{bmatrix}. \tag{3.11}$$

$\boldsymbol{R}\boldsymbol{v}$ 可以以 4 元数的乘积的形式表示为

$$(0, \boldsymbol{R}\boldsymbol{v}) = \boldsymbol{q} \times (0, v) \times \bar{\boldsymbol{q}}.$$

$\boldsymbol{R}_2\boldsymbol{R}_1\boldsymbol{v}$ 可以以 4 元数的乘积的形式表示为

$$(0, \boldsymbol{R}_2\boldsymbol{R}_1\boldsymbol{v}) = \boldsymbol{q}_2 \times (\boldsymbol{q}_1 \times (0, \boldsymbol{v}) \times \bar{\boldsymbol{q}}_1) \times \bar{\boldsymbol{q}}_2 = (\boldsymbol{q}_2 \times \boldsymbol{q}_1) \times (0, \boldsymbol{v}) \times \overline{(\boldsymbol{q}_2 \times \boldsymbol{q}_1)}.$$

由于 $\boldsymbol{q}$ 和 $-\boldsymbol{q}$ 实际上表示同样的旋转,为了消除混淆,可以加上 a 为正数的条件(参考练习题).

4 元数 $\boldsymbol{q}$ 与旋转向量 $\boldsymbol{r}$ 之间存在下式所示的关系:

$$a = \cos\left(\frac{\|\boldsymbol{r}\|}{2}\right), \quad \boldsymbol{b} = \sin\left(\frac{\|\boldsymbol{r}\|}{2}\right)\frac{\boldsymbol{r}}{\|\boldsymbol{r}\|}. \tag{3.12}$$

3.5　正交矩阵、旋转矩阵及反转

如果矩阵 $\boldsymbol{M}$ 满足

$$\boldsymbol{M}^{\mathrm{T}}\boldsymbol{M} = \boldsymbol{I}, \tag{3.13}$$

则矩阵 $\boldsymbol{M}$ 被称为正交矩阵. 旋转矩阵都满足 $\boldsymbol{R}^{\mathrm{T}}\boldsymbol{R} = \boldsymbol{I}$,所以旋转矩阵都是正交矩阵.

正交矩阵的行向量和列向量都满足下式:

$$\boldsymbol{m}_i^{\mathrm{T}}\boldsymbol{m}_j = \delta_{ij}, \quad i, j = 1, 2, 3. \tag{3.14}$$

其中,

$$\delta_{ij} = \begin{cases} 1, & i = j, \\ 0, & i \neq j. \end{cases}$$

来看正交矩阵的行列式. 求式(3.13)两边的行列式,则有下式成立：

$$\det(\boldsymbol{M})^2=\det(\boldsymbol{M}^{\mathrm{T}}\boldsymbol{M})=\det(\boldsymbol{I})=1.$$

其中

$$\det(\boldsymbol{M})=\pm 1.$$

也就是说，正交矩阵的行列式为 1 或 -1.

行列式为正的正交矩阵为旋转矩阵. 这时的行向量和列向量都为右手系. 行列式为负的正交矩阵不是旋转矩阵，是对旋转进行反转之后的变换（参考练习题）[34]. 这时的行向量和列向量为左手系.

设反转矩阵为 $\boldsymbol{R}'$，可以由下式表示：

$$\boldsymbol{R}'=\boldsymbol{I}-2\boldsymbol{u}_h\boldsymbol{u}_h^{\mathrm{T}}.$$

这里，$\boldsymbol{u}_h$ 为方向与反转平面的法线方向相同的单位向量. 如果给定一个任意的向量 $\boldsymbol{a}$，$\boldsymbol{a}$ 可以分解为与 $\boldsymbol{u}_h$ 的方向相同的部分和与 $\boldsymbol{u}_h$ 的方向垂直的部分，

$$\boldsymbol{a}=a_h\boldsymbol{u}_h+a_\perp\boldsymbol{u}_\perp.$$

用反转矩阵 $\boldsymbol{R}'$ 乘以该向量，得到

$$\boldsymbol{R}'\boldsymbol{a}=a_h\boldsymbol{u}_h+a_\perp\boldsymbol{u}_\perp-2\boldsymbol{u}_h\boldsymbol{u}_h^{\mathrm{T}}(a_h\boldsymbol{u}_h+a_\perp\boldsymbol{u}_\perp)=a_\perp\boldsymbol{u}_\perp-a_h\boldsymbol{u}_h,$$

即，所得的向量为向量 $\boldsymbol{a}$ 在 $\boldsymbol{u}_h$ 的方向的反转.

3.6 利用旋转前后的 3 维向量进行旋转的最优化计算

根据旋转前后的 3 维向量，进行旋转的最优化计算的方法有多种. 其中一个是基于奇异值分解的方法[17,31,61]，还有一个是基于 4 元数的方法[30].

假设旋转前后的 3 维向量分别为 $\boldsymbol{p}_i,\boldsymbol{p}_i'$，$i=1,2,\cdots,n$，旋转矩阵为 $\boldsymbol{R}$，则有下式成立：

$$\boldsymbol{p}_i=\boldsymbol{R}\boldsymbol{p}_i',\quad i=1,2,\cdots,n. \tag{3.15}$$

由于这些向量中含有噪声，可以通过使下面的评价函数最小来求得 $\boldsymbol{R}$：

$$C = \sum_{i=1}^{n} \left\| \boldsymbol{R}\boldsymbol{p}_i - \boldsymbol{p}_i \right\|^2. \tag{3.16}$$

对于奇异值分解(参照附录D)的解法,式(3.16)具有下列的变形:

$$C = \sum_{i=1}^{n} \left\| \boldsymbol{p}_i'^{\mathrm{T}}\boldsymbol{p}_i' + \boldsymbol{p}_i^{\mathrm{T}}\boldsymbol{p}_i \right\|^2 - 2\sum_{i=1}^{n} \boldsymbol{p}_i^{\mathrm{T}}\boldsymbol{R}\boldsymbol{p}_i'.$$

C 的最小化等价于 $C' = \sum_{i=1}^{n}\boldsymbol{p}_i^{\mathrm{T}}\boldsymbol{R}\boldsymbol{p}_i'$ 最大化. 另外, 由于 $\boldsymbol{a}^{\mathrm{T}}\boldsymbol{b} = \mathrm{trace}(\boldsymbol{a}\boldsymbol{b}^{\mathrm{T}})$, C' 则变换为下式:

$$C' = \sum_{i=1}^{n}\boldsymbol{p}_i^{\mathrm{T}}\boldsymbol{R}\boldsymbol{p}_i' = \sum_{i=1}^{n}(\boldsymbol{R}^{\mathrm{T}}\boldsymbol{p}_i)^{\mathrm{T}}\boldsymbol{p}_i' = \mathrm{trace}(\boldsymbol{R}\sum_{i=1}^{n}\boldsymbol{p}_i\boldsymbol{p}_i'^{\mathrm{T}}).$$

这里, $\sum_{i=1}^{n}\boldsymbol{p}_i\boldsymbol{p}_i'^{\mathrm{T}} = \boldsymbol{U}\boldsymbol{\Sigma}\boldsymbol{V}^{\mathrm{T}}$ 为奇异值分解. 其中, $\boldsymbol{U}$ 和 $\boldsymbol{V}$ 分别为左正交矩阵和右正交矩阵, $\boldsymbol{\Sigma} = \mathrm{diag}(\sigma_1, \sigma_2, \sigma_3)$, $\sigma_1 \geqslant \sigma_2 \geqslant \sigma_3$ 为特征值对角阵. $\boldsymbol{U}$ 和 $\boldsymbol{V}$ 为正交矩阵($\boldsymbol{U}\boldsymbol{U}^{\mathrm{T}} = \boldsymbol{V}\boldsymbol{V}^{\mathrm{T}} = \boldsymbol{I}$), 但是由于无法保证 $\det(\boldsymbol{U}) = \det(\boldsymbol{V}) = \boldsymbol{I}$, 因此不能认为它们是旋转矩阵.

首先, 假定 $\det(\boldsymbol{U}\boldsymbol{V}^{\mathrm{T}}) = 1$, 有

$$\boldsymbol{R} = \boldsymbol{U}\boldsymbol{R}'\boldsymbol{V}^{\mathrm{T}}. \tag{3.17}$$

这时, $\boldsymbol{R}'$ 为未知的旋转矩阵. $\boldsymbol{U}\boldsymbol{R}'\boldsymbol{V}^{\mathrm{T}}$ 一定为正交矩阵, 而且它的行列式的值为1.

将式(3.17)代入 C', 可得下式:

$$C' = \mathrm{trace}(\boldsymbol{V}\boldsymbol{R}'\boldsymbol{U}^{\mathrm{T}}\boldsymbol{U}\boldsymbol{\Sigma}\boldsymbol{V}^{\mathrm{T}}) = \mathrm{trace}(\boldsymbol{R}'\boldsymbol{\Sigma}) = r_{11}'\sigma_1 + r_{22}'\sigma_2 + r_{33}'\sigma_3.$$

显然, $r_{11}' = r_{22}' = r_{33}' = 1$ 的时候, C' 为最大. 即, $\boldsymbol{R}' = \boldsymbol{I}$ 为单位阵, 也就是,

$$\boldsymbol{R} = \boldsymbol{U}\boldsymbol{V}^{\mathrm{T}}.$$

如果, $\det(\boldsymbol{U}\boldsymbol{V}^{\mathrm{T}}) = -1$, 同样设 $\boldsymbol{R} = \boldsymbol{U}\boldsymbol{R}'\boldsymbol{V}^{\mathrm{T}}$. 其中, $\boldsymbol{R}'$ 为行列式等于 -1 的正交矩阵. 所以, $\boldsymbol{U}\boldsymbol{R}'\boldsymbol{V}^{\mathrm{T}}$ 为正交矩阵, 并且有 $\det(\boldsymbol{R}) = 1$. 如果代入 C', 同样得到

$$C' = r_{11}'\sigma_1 + r_{22}'\sigma_2 + r_{33}'\sigma_3.$$

这里由于 $\sigma_1 \geqslant \sigma_2 \geqslant \sigma_3$, 比较容易理解当 $r_{11}' = r_{22}' = 1$, $r_{33}' = -1$ 时, C' 最大. 即 $\boldsymbol{R} = \boldsymbol{U}\mathrm{diag}(1, 1, -1)\boldsymbol{V}^{\mathrm{T}}$. 当 $\det(\boldsymbol{U}\boldsymbol{V}^{\mathrm{T}}) = 1$ 时, $\boldsymbol{R} = \boldsymbol{U}\mathrm{diag}(1, 1, \det(\boldsymbol{U}\boldsymbol{V}^{\mathrm{T}}))\boldsymbol{V}^{\mathrm{T}}$ 为一般解. 关于 $\boldsymbol{U}\boldsymbol{V}^{\mathrm{T}}$ 和 $\boldsymbol{U}\mathrm{diag}(1, 1, -1)\boldsymbol{V}^{\mathrm{T}}$ 的关系可以参照练习题.

如果用4元数表示旋转，式(3.16)变为下面的形式：

$$C = \sum_{i=1}^{n} \left| \boldsymbol{q} \right|^2 \left| \boldsymbol{q} \times (0, \boldsymbol{p}_i{}') \times \bar{\boldsymbol{q}} - (0, \boldsymbol{p}_i) \right|^2.$$

再根据 $\left| \boldsymbol{q} \right|^2 = \bar{\boldsymbol{q}} \times \boldsymbol{q} = 1$，$\left| \boldsymbol{q} \times \boldsymbol{q}' \right| = \left| \boldsymbol{q} \right| \left| \boldsymbol{q}' \right|$，可以得到

$$\begin{aligned} C &= \sum_{i=1}^{n} \left| \bar{\boldsymbol{q}} \times \boldsymbol{q} \times (0, \boldsymbol{p}_i{}') \times \bar{\boldsymbol{q}} - \bar{\boldsymbol{q}} \times (0, \boldsymbol{p}_i{}') \right|^2 \\ &= \sum_{i=1}^{n} \left| (0, \boldsymbol{p}_i') \times \bar{\boldsymbol{q}} - \bar{\boldsymbol{q}} \times (0, \boldsymbol{p}_i) \right|^2. \end{aligned}$$

设 $\boldsymbol{p}_i = (p'_{i1}, p'_{i2}, p'_{i3})$，$\boldsymbol{p}_i' = (p'_{i1}, p'_{i2}, p'_{i3})$，$\boldsymbol{q} = [\lambda_0, \lambda_1, \lambda_2, \lambda_3]^{\mathrm{T}}$，则有 $(0, \boldsymbol{p}_i) \times \bar{\boldsymbol{q}} - \bar{\boldsymbol{q}} \times (0, \boldsymbol{p}_i)$

$$\begin{aligned} &= (0, \boldsymbol{p}_i') \times (a, -\boldsymbol{b}) - (a, -\boldsymbol{b}) \times (0, \boldsymbol{p}_i) \\ &= (\boldsymbol{p}_i'^{\mathrm{T}} \boldsymbol{b}, a\boldsymbol{p}_i' - \boldsymbol{p}_i' \times \boldsymbol{b}) - (\boldsymbol{b}^{\mathrm{T}} \boldsymbol{p}_i, a\boldsymbol{p}_i - \boldsymbol{b} \times \boldsymbol{p}_i) \\ &= (\boldsymbol{p}_i'^{\mathrm{T}} \boldsymbol{b} - \boldsymbol{b}^{\mathrm{T}} \boldsymbol{p}_i, a(\boldsymbol{p}_i' - \boldsymbol{p}_i) - \boldsymbol{p}_i' \times \boldsymbol{b} - \boldsymbol{b} \times \boldsymbol{p}_i) \end{aligned}$$

$$= \left((p'_{i1}, p'_{i2}, p'_{i3}) \begin{bmatrix} \lambda_1 \\ \lambda_2 \\ \lambda_3 \end{bmatrix} - (\lambda_1, \lambda_2, \lambda_3) \begin{bmatrix} p_{i1} \\ p_{i2} \\ p_{i3} \end{bmatrix}, \lambda_0 \begin{bmatrix} p'_{i1} - p_{i1} \\ p'_{i2} - p_{i2} \\ p'_{i3} - p_{i3} \end{bmatrix} \right.$$

$$\left. - \begin{bmatrix} 0 & -p'_{i3} & p'_{i2} \\ p'_{i3} & 0 & -p'_{i1} \\ p'_{i2} & p'_{i1} & 0 \end{bmatrix} \begin{bmatrix} \lambda_1 \\ \lambda_2 \\ \lambda_3 \end{bmatrix} + \begin{bmatrix} 0 & -\lambda_3 & \lambda_2 \\ \lambda_3 & 0 & -\lambda_1 \\ -\lambda_2 & \lambda_1 & 0 \end{bmatrix} \begin{bmatrix} p_{i1} \\ p_{i2} \\ p_{i3} \end{bmatrix} \right) = \boldsymbol{B}_i \boldsymbol{q}.$$

其中

$$\boldsymbol{B}_i = \begin{bmatrix} 0 & p_{i1}{}' - p_{i1} & p_{i2}{}' - p_{i2} & p_{i3}{}' - p_{i3} \\ p_{i1}{}' - p_{i1} & 0 & p_{i3}{}' + p_{i3} & -(p_{i2}{}' - p_{i2}) \\ p_{i2}{}' - p_{i2} & -(p_{i3}{}' + p_{i3}) & 0 & p_{i1}{}' + p_{i1} \\ p_{i3}{}' - p_{i3} & -p_{i2}{}' + p_{i2} & -(p_{i1}{}' + p_{i1}) & 0 \end{bmatrix}, \tag{3.18}$$

将其代入原来的式(3.16)，可以得到

$$C = \sum_{i=1}^{n} \left\| \boldsymbol{R} \boldsymbol{p}_i' - \boldsymbol{p}_i \right\|^2 = \sum_{i=1}^{n} \left\| \boldsymbol{B}_i \boldsymbol{q} \right\|^2 = \boldsymbol{q}^{\mathrm{T}} \left(\sum_{i=1}^{n} \boldsymbol{B}_i^{\mathrm{T}} \boldsymbol{B}_i \right) \boldsymbol{q}.$$

当 $\boldsymbol{q}$ 为 $\sum_{i=1}^{n}\boldsymbol{B}_i^{\mathrm{T}}\boldsymbol{B}_i$ 的最小特征值对应的特征向量时，C 取最小值（参照附录 E）. 将这时的 $\boldsymbol{q}$ 代入式(3.16)，可以得到 $\boldsymbol{R}$.

3.7　练习题

1. 根据 $\boldsymbol{R}^{\mathrm{T}}\boldsymbol{R}=\boldsymbol{R}\boldsymbol{R}^{\mathrm{T}}=\boldsymbol{I}$，证明旋转矩阵的各列（行）的长度为 1，并且互为正交.
2. 由 $\boldsymbol{R}$ 求欧拉角.
3. 由 $\boldsymbol{R}$ 求 roll, pitch, yaw 角.
4. 证明 $(\mathrm{e}^{[\boldsymbol{r}]_\times})^{\mathrm{T}}\mathrm{e}^{[\boldsymbol{r}]_\times}=\boldsymbol{I}$.
5. 证明式(3.7).
6. 证明式(3.10).
7. 推导式(3.11).
8. 由旋转矩阵 $\boldsymbol{R}$ 求 4 元数.
9. 证明 $\left|\boldsymbol{q}\times\boldsymbol{q}'\right|=\left|\boldsymbol{q}\right|\left|\boldsymbol{q}'\right|$. 其中，$\boldsymbol{q}$ 和 $\boldsymbol{q}'$ 为 4 元数.
10. 当旋转的旋转轴为 $\boldsymbol{r}$，其 4 元数表示为 $(a,\boldsymbol{b})$，证明下列关系式成立

$$a=\cos\left(\frac{\|\boldsymbol{r}\|}{2}\right),\boldsymbol{b}=\sin\left(\frac{\|\boldsymbol{r}\|}{2}\right)\frac{\boldsymbol{r}}{\|\boldsymbol{r}\|}.$$

11. 当 $\boldsymbol{U}\boldsymbol{V}^{\mathrm{T}}$ 为旋转矩阵时，将 $\boldsymbol{U}\mathrm{diang}(1,1,-1)\boldsymbol{V}^{\mathrm{T}}$ 分解为旋转矩阵和反转矩阵.

第4章 核线几何

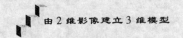

本章叙述影像间的几何关系,即所谓的核线几何[12,65].核线方程式随着投影的不同而不同.本章首先推导了中心投影、弱中心投影以及任意投影的核线方程式,然后叙述了中心投影中基本矩阵的性质,最后介绍了给定对应点确定核线方程式的方法.

4.1 中心投影中核线几何的概念及核线方程式

核线几何最初是从双目视觉中的对应问题开始考虑的[25].如图4.1所示,两个相机可以看到3维空间中的同一个点,这个点和两个相机的镜头中心以及该点在两张影像上的投影在一个平面内.这个平面叫核面(epipolar plane).核面与各影像的交线称为核线(epipolar line).各影像中,所有核线的交点称为核点(epipole).

在已知两个相机几何关系的情况下,给定其中一个影像中的一点,就可以确定核面以及每张影像上对应的核线.即使没有确定3维空间中的点(镜头中心与像点的连线上),也可以确定在其他影像上的对应点在对应的同名核线上.因此,对应点的搜索,由一个2维搜索问题变为一个沿核线搜索的1维问题.以上所述,对任何相机模型都成立.

核线方程式的推导.首先考虑规一化相机.影像1上的点的坐标记为$\boldsymbol{x}$,影像2上的对应点的坐标记为$\boldsymbol{x}'$.它们在相机坐标系内的坐标分别为$\bar{\boldsymbol{x}}$和$\bar{\boldsymbol{x}}'$.另外,一个相机相对于另外一个相机的位置和姿态的运动可以用旋转矩阵$\boldsymbol{R}$和平移向量$\boldsymbol{t}$表示.由于两个影像中的对应点和两个相机的镜头中心共面,那么向量$\bar{\boldsymbol{x}}$,$\boldsymbol{t}$以及$\boldsymbol{R}\bar{\boldsymbol{x}}'+\boldsymbol{t}$(影像

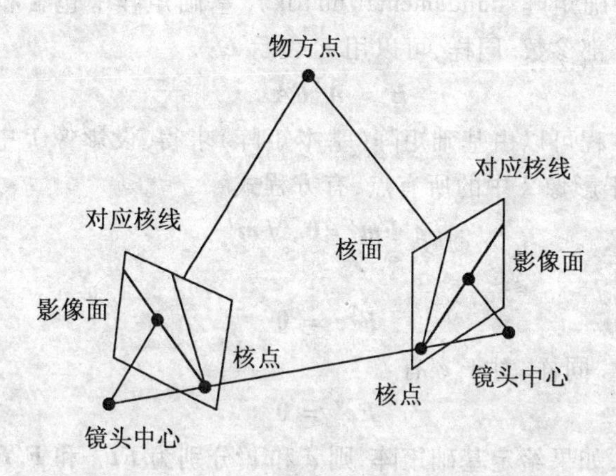

图 4.1 核线几何中的几个概念.空间中的3维点与两个相机镜头中心(焦点)的连线构成核面,核面与两个像平面的交线为对应的核线.所有的核线交于一点,该点即为核点

1 的相机坐标系下影像 2 中的对应点的坐标)也共面,即,

$$\tilde{\boldsymbol{x}}^{\mathrm{T}}(\boldsymbol{t} \times (\boldsymbol{R}\tilde{\boldsymbol{x}}' + \boldsymbol{t})) = 0. \tag{4.1}$$

利用变换

$$\begin{bmatrix} x_1 \\ x_2 \\ x_3 \end{bmatrix}_{\times} = \begin{bmatrix} 0 & -x_3 & x_2 \\ x_3 & 0 & -x_1 \\ -x_2 & x_1 & 0 \end{bmatrix}, \tag{4.2}$$

式(4.1)可以写为

$$\tilde{\boldsymbol{x}}^{\mathrm{T}}(\boldsymbol{t} \times (\boldsymbol{R}\tilde{\boldsymbol{x}}' + \boldsymbol{t})) = \tilde{\boldsymbol{x}}^{\mathrm{T}}[\boldsymbol{t}]_{\times}(\boldsymbol{R}\tilde{\boldsymbol{x}}' + \boldsymbol{t}) = \tilde{\boldsymbol{x}}^{\mathrm{T}}\boldsymbol{E}\tilde{\boldsymbol{x}}' = 0. \tag{4.3}$$

这里,$\boldsymbol{E} = [\boldsymbol{t}]_{\times}\boldsymbol{R}$. 式(4.3)只是2维影像坐标与相机运动等参数的方程式,与3维坐标没有关系,该式称为核线方程式(epipolar equation).矩阵 $\boldsymbol{E}$ 称为本质矩阵(essential matrix[40])[7,11].

当给定相机的数字影像坐标 $\boldsymbol{m}$ 和 $\boldsymbol{m}'$ 时,式(4.3)变为

$$\tilde{\boldsymbol{x}}^{\mathrm{T}}\boldsymbol{E}\tilde{\boldsymbol{x}}' = \tilde{\boldsymbol{m}}^{\mathrm{T}}\boldsymbol{F}\tilde{\boldsymbol{m}}' = 0. \tag{4.4}$$

这里

$$\boldsymbol{F} = \boldsymbol{A}^{-\mathrm{T}}\boldsymbol{E}\boldsymbol{A}'^{-1} = \boldsymbol{A}^{-\mathrm{T}}[\boldsymbol{t}]_{\times}\boldsymbol{R}\boldsymbol{A}'^{-1}, \tag{4.5}$$

$\boldsymbol{F}$ 被称为基础矩阵(fundamental matrix). 基础矩阵中包含相机的内部参数和外部参数. 同样,可以用 $\boldsymbol{F}$ 表示 $\boldsymbol{E}$:

$$\boldsymbol{E} = \boldsymbol{A}^{\mathrm{T}}\boldsymbol{F}\boldsymbol{A}'. \tag{4.6}$$

核线方程可以由基础矩阵(基本矩阵)求得. 设影像 1 中的核点为 $\boldsymbol{e}$,则对于影像 2 中的所有点,有方程式

$$\boldsymbol{e}^{\mathrm{T}}\boldsymbol{F}\boldsymbol{m}' = 0, \forall \boldsymbol{m}'$$

成立. 因此

$$\boldsymbol{F}^{\mathrm{T}}\boldsymbol{e} = \boldsymbol{0} \tag{4.7}$$

也必然成立. 同样,对于 $\boldsymbol{e}'$ 有

$$\boldsymbol{F}\boldsymbol{e}' = \boldsymbol{0} \tag{4.8}$$

成立. 因此,如果给定基础矩阵,则 $\boldsymbol{e}$ 和 $\boldsymbol{e}'$ 分别为 $\boldsymbol{F}\boldsymbol{F}^{\mathrm{T}}$ 和 $\boldsymbol{F}^{\mathrm{T}}\boldsymbol{F}$ 的最小特征值对应的特征向量.

4.2 中心投影中的基本矩阵的性质

任意 3×3 的矩阵是本质矩阵的充分必要条件为该**矩阵的奇异值中有一个解为 0,其余两个解相等**. 该定理的严密证明这里省略[22],可以参阅下面的叙述进行理解.

首先,由于

$$\boldsymbol{E}^{\mathrm{T}}\boldsymbol{t} = \boldsymbol{R}^{\mathrm{T}}[\boldsymbol{t}]_{\times}^{\mathrm{T}}\boldsymbol{t} = \boldsymbol{0} \tag{4.9}$$

成立,所以基本矩阵的特征值至少有一个解为 0.

其次,$\boldsymbol{E}\boldsymbol{E}^{\mathrm{T}}$ 与 $\boldsymbol{t}$ 相关,表现为

$$\boldsymbol{E}\boldsymbol{E}^{\mathrm{T}} = [\boldsymbol{t}]_{\times}\boldsymbol{R}\boldsymbol{R}^{\mathrm{T}}[\boldsymbol{t}]_{\times}^{\mathrm{T}} = [\boldsymbol{t}]_{\times}[\boldsymbol{t}]_{\times}^{\mathrm{T}} = \boldsymbol{t}^{\mathrm{T}}\boldsymbol{t}\boldsymbol{I} - \boldsymbol{t}\boldsymbol{t}^{\mathrm{T}}.$$

另外,使得公式 $\boldsymbol{U}\boldsymbol{t} = [\,\|\boldsymbol{t}\|, 0, 0]^{\mathrm{T}}$ 成立的旋转 $\boldsymbol{U}$(将 $\boldsymbol{t}$ 的方向变为新坐标系的水平轴的旋转)必然存在,可以推导出

$$\boldsymbol{U}\boldsymbol{E}\boldsymbol{E}^{\mathrm{T}}\boldsymbol{U}^{\mathrm{T}} = \boldsymbol{U}(\boldsymbol{t}^{\mathrm{T}}\boldsymbol{t}\boldsymbol{I} - \boldsymbol{t}\boldsymbol{t}^{\mathrm{T}})\boldsymbol{U}^{\mathrm{T}} = \boldsymbol{t}^{\mathrm{T}}\boldsymbol{t}\boldsymbol{I} - \boldsymbol{U}\boldsymbol{t}(\boldsymbol{U}\boldsymbol{t})^{\mathrm{T}} = \boldsymbol{t}^{\mathrm{T}}\boldsymbol{t}\begin{bmatrix} 0 & 0 & 0 \\ 0 & 1 & 0 \\ 0 & 0 & 1 \end{bmatrix}.$$

由于旋转 $\boldsymbol{U}$ 并没有改变 $\boldsymbol{E}$ 的奇异值,因此可以理解 $\boldsymbol{E}$ 具有两个相等的非 0 的奇异解[32]

$$EE^{\mathrm{T}} = \begin{bmatrix} a_1 & b_3 & b_2 \\ b_3 & a_2 & b_1 \\ b_2 & b_1 & a_3 \end{bmatrix}.$$

于是，EE^{T} 的特征方程式为

$$\det(EE^{\mathrm{T}} - \lambda I) = -\lambda^3 + a\lambda^2 + b\lambda + c = 0.$$

这里，$a = a_1 + a_2 + a_3$，$b = b_1^2 + b_2^2 + b_3^2 - a_1a_2 - a_2a_3 - a_3a_1$，$c = \det(EE^{\mathrm{T}})$. 首先，根据 $\lambda = 0$，可以得到

$$c = 0. \tag{4.10}$$

于是，方程式 $-\lambda^2 + a\lambda + b = 0$ 的 2 个解相等的条件为

$$a^2 + 4b = 0. \tag{4.11}$$

用基本矩阵的列向量 e_i，$i = 1,2,3$，表示 a，b，c，式(4.10)和式(4.11)变为

$$e_1^{\mathrm{T}}(e_2 \times e_3) = 0, \tag{4.12}$$

$$(\|e_1\|^2 + \|e_2\|^2 + \|e_3\|^2)^2 = 4(\|e_1 \times e_2\|^2 + \|e_2 \times e_3\|^2 + \|e_3 \times e_1\|^2). \tag{4.13}$$

4.3 弱中心投影中的核线方程式

本节介绍弱中心投影(包含平行投影)中的核线方程式[33,51,65].

设 X 与 X' 为 3 维空间中的一个点在两个相机坐标系下的坐标，则下面的运动方程成立：

$$X = RX' + t. \tag{4.14}$$

为了从这个方程中消去 Z 和 Z'，可以在式(4.14)的两边同时乘以 $v^{\mathrm{T}} = [r_{23}, -r_{13}, 0]$，得到

$$v^{\mathrm{T}}X = v^{\mathrm{T}}RX' + v^{\mathrm{T}}t. \tag{4.15}$$

由于，$R^{\mathrm{T}} = R^{-1}$，得到

$$v^{\mathrm{T}}R = [-r_{32}, r_{31}, 0].$$

代入式(4.15)，得到

$$-r_{23}X + r_{13}Y - r_{32}X' + r_{31}Y' + r_{23}t_X - r_{13}t_Y = 0. \tag{4.16}$$

Z 和 Z'已经消去. 该式表示与两影像平面垂直的平面. 这里,r_{ij}为 $\boldsymbol{R}$ 的第 i 行第 j 列的元素,t_X 和 t_Y 分别为 $\boldsymbol{t}$ 的第 1 和第 2 个元素.

根据弱中心投影性质,式(4.16)变为

$$-(r_{23}Z_c)x+(r_{13}Z_c)y-(r_{32}Z_c')x'+(r_{31}Z_c')y'+r_{23}t_X-r_{13}t_Y=0. \tag{4.17}$$

这里,Z_c 和 Z_c'分别为相机坐标系中物体重心的 Z 坐标. 当平行投影时,Z_c 和 Z_c'都为 1[33],式(4.17)变为

$$-r_{23}x+r_{13}y-r_{32}x'+r_{31}y'+r_{23}t_X-r_{13}t_Y=0. \tag{4.18}$$

把式(4.17)写成矩阵形式,为

$$\tilde{\boldsymbol{x}}^{\mathrm{T}}\boldsymbol{E}_{wp}\tilde{\boldsymbol{x}}'=0. \tag{4.19}$$

这里,$\tilde{\boldsymbol{x}}$ 和 $\tilde{\boldsymbol{x}}'$分别为两个影像中对应点的坐标,矩阵 $\boldsymbol{E}_{wp}$ 为

$$\boldsymbol{E}_{wp}=\begin{bmatrix} 0 & 0 & -r_{23}Z_c \\ 0 & 0 & r_{13}Z_c \\ -r_{32}Z_c' & r_{31}Z_c' & r_{23}t_X-r_{13}t_Y \end{bmatrix}. \tag{4.20}$$

把 Z_c 和 Z_c'作为 1 代入就得到平行投影的基本矩阵.

如果已知两个相机的内部矩阵分别为 $\boldsymbol{A}$ 和 $\boldsymbol{A}'$,使用影像的数字影像坐标 $\boldsymbol{m}$ 和 $\boldsymbol{m}'$表示的核线方程为

$$\tilde{\boldsymbol{m}}^{\mathrm{T}}\boldsymbol{F}_{wp}\tilde{\boldsymbol{m}}'=\tilde{\boldsymbol{m}}^{\mathrm{T}}(\boldsymbol{A}^{-1})^{\mathrm{T}}\boldsymbol{E}_{wp}\boldsymbol{A}'^{-1}\tilde{\boldsymbol{m}}'=0. \tag{4.21}$$

由于 $\boldsymbol{A}$ 和 $\boldsymbol{A}'$左下角的三个元素为 0,而且 $\boldsymbol{F}_{wp}$和 $\boldsymbol{E}_{wp}$的左上角的 4 个元素为 0,则将式(4.21)展开可以得到

$$f_{13}u+f_{23}v+f_{31}u'+f_{32}v'+f_{33}=0. \tag{4.22}$$

该式与影像坐标线性相关. 对于特殊情况,即当影像的纵轴和横轴互相垂直,像素为正方形时,基础矩阵为

$$\boldsymbol{F}_{wp}=\begin{bmatrix} 0 & 0 & -\dfrac{r_{23}Z_c}{f} \\ 0 & 0 & \dfrac{r_{13}Z_c}{f} \\ -\dfrac{r_{23}Z_c'}{f'} & \dfrac{r_{31}Z_c'}{f'} & r_{23}t_X-r_{13}t_Y+\dfrac{(r_{23}u_0-r_{13}v_0)Z_c}{f}+\dfrac{(r_{32}u_0'-r_{31}v_0')Z_c'}{f'} \end{bmatrix}.$$

这里，(u_0,v_0)和(u_0',v_0')分别为两影像的光轴点，f和f'分别为相机焦距. u_0,v_0,u_0',v_0'只出现在矩阵右下角的元素中，可以理解为与平移分量 t_X 和 t_Y 具有相同的作用.

将利用欧拉角表示的旋转矩阵代入 $\boldsymbol{E}_{wp}$，得到核线方程为

$$-\sin\beta\left(\frac{Z_c}{f}\sin\alpha u-\frac{Z_c}{f}\cos\alpha v+\frac{Z_c'}{f'}\sin\gamma u'+\frac{Z_c'}{f'}\cos\gamma v'+t_X\sin\alpha\right.$$
$$\left.-t_Y\cos\alpha+\frac{r_{23}Z_cu_0}{f}-\frac{r_{13}Z_cv_0}{f}+\frac{r_{32}Z_c'u_0'}{f'}-\frac{r_{31}Z_c'v_0'}{f'}\right)=0. \tag{4.23}$$

由式(4.22)和式(4.23)，可以得到

$$f_{13}=-\sin\beta\frac{Z_c}{f}\sin\alpha,$$
$$f_{23}=\sin\beta\frac{Z_c}{f}\cos\alpha,$$
$$f_{31}=-\sin\beta\frac{Z_c'}{f'}\sin\gamma,$$
$$f_{32}=-\sin\beta\frac{Z_c'}{f'}\cos\gamma,$$
$$f_{33}=-\sin\beta\left(t_X\sin\alpha-t_Y\cos\alpha+\frac{r_{23}Z_cu_0}{f}-\right.$$
$$\left.\frac{r_{13}Z_cv_0}{f}+\frac{r_{32}Z_c'u_0'}{f'}-\frac{r_{31}Z_c'v_0'}{f'}\right).$$

如果 $\beta\neq0$，则根据这些式子可以求出 α 和 γ，有以下两组解：

$$\alpha_1=\arctan2(f_{13},-f_{23}), \tag{4.24}$$
$$\gamma_1=\arctan2(f_{31},f_{32}), \tag{4.25}$$
$$\alpha_2=\arctan2(-f_{13},f_{23}), \tag{4.26}$$
$$\gamma_2=\arctan2(-f_{31},-f_{32}). \tag{4.27}$$

两组解之间存在以下关系：

$$\alpha_1-\alpha_2=\pm\pi,$$
$$\gamma_1-\gamma_2=\pm\pi.$$

于是,核线方程式可以写为

$$-u\sin\alpha + v\cos\alpha - \rho(-u'\sin\gamma + v'\cos\gamma) + \lambda = 0. \quad (4.28)$$

其中,

$$\rho = \sqrt{\frac{f_{31}^2 + f_{32}^2}{f_{13}^2 + f_{23}^2}}. \quad (4.29)$$

λ 也有两个解

$$\lambda_1 = \frac{f_{33}}{\sqrt{f_{13}^2 + f_{23}^2}}, \quad (4.30)$$

$$\lambda_2 = -\lambda_1. \quad (4.31)$$

式(4.28)可以由图4.2解释.即,如果定义变换

$$\begin{bmatrix} \bar{u} \\ \bar{v} \end{bmatrix} = \begin{bmatrix} \cos\alpha & \sin\alpha \\ -\sin\alpha & \cos\alpha \end{bmatrix} \begin{bmatrix} u \\ v \end{bmatrix} \quad (4.32)$$

和变换

$$\begin{bmatrix} \bar{u}' \\ \bar{v}' \end{bmatrix} = \rho \begin{bmatrix} \cos\gamma & \sin(-\gamma) \\ -\sin(-\gamma) & \cos\gamma \end{bmatrix} \begin{bmatrix} u' \\ v' \end{bmatrix} + \begin{bmatrix} 0 \\ -\lambda \end{bmatrix} \quad (4.33)$$

(由于全部欧拉角定义在影像1的坐标系下,则对于影像2的旋转中,对应的角度是 $-\gamma$),则式(4.28)可以理解为,由式(4.32)和式(4.33)中定义的变换后的对应点的纵坐标相等,即

$$\bar{v} = \bar{v}'. \quad (4.34)$$

只留下横坐标不相等.这里,α,γ 分别为影像平面内的旋转角,ρ 为影像间比例的变化.

如果第2个欧拉角为0,旋转矩阵就退化为

$$\boldsymbol{R} = \boldsymbol{R}_z(\theta)\boldsymbol{R}_z(-\alpha)\boldsymbol{R}_y(\beta)\boldsymbol{R}_z(\alpha) = \boldsymbol{R}_z(\theta)$$

$$= \begin{bmatrix} \cos\theta & \sin\theta & 0 \\ -\sin\theta & \cos\theta & 0 \\ 0 & 0 & 1 \end{bmatrix}. \quad (4.35)$$

这里,$\theta = \alpha + \gamma$.也就是,旋转为绕光轴的旋转,影像的变化与物体的距离无关.两影像间的变换为影像内的旋转、平移和比例的变化.运动可以通过两对对应点求出.另外,这时式(4.23)的两侧都为0,核

线方程不存在. 这种运动为 2 维仿射运动[65],也被称为退化运动[38].

关于运动是否退化,即核线方程式是否可以求解,将在 4.5 节介绍.

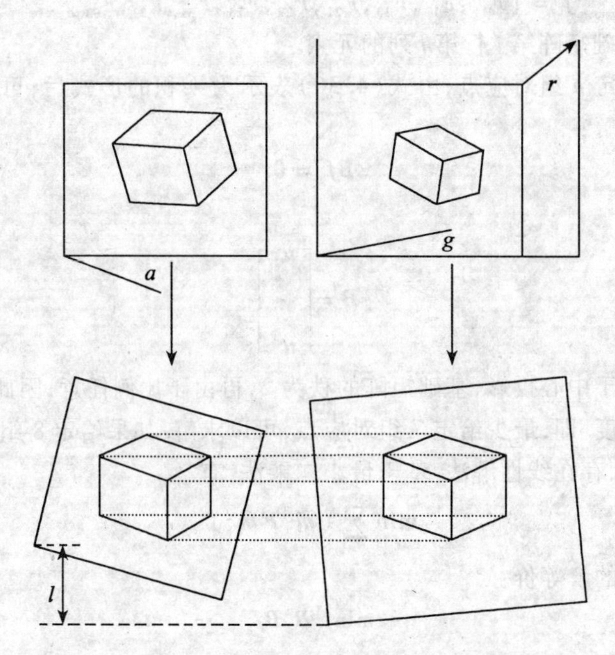

图 4.2 根据核线方程的定义,对影像施加旋转和平移等变换后,对应点在两张影像上具有相同的纵坐标

4.4 基于对应点的中心投影核线方程式的线性解法

本节介绍利用给定的对应点确定中心投影的核线方程式[65].

影像 1 中的点 $\boldsymbol{m}_i=[u_i,v_i]^{\mathrm{T}}$ 和影像 2 中的对应点 $\boldsymbol{m}_i'=[u_i',v_i']^{\mathrm{T}}$ 满足核线方程式 $\tilde{\boldsymbol{m}}_i^{\mathrm{T}}\boldsymbol{F}\boldsymbol{m}_i'=0$. 将基础矩阵的元素以向量的形式表示,

上述方程可以表示为

$$\boldsymbol{u}_i^{\mathrm{T}}\boldsymbol{f} = 0. \tag{4.36}$$

这里,

$$\boldsymbol{u}_i = [u_iu_i', u_iv_i', u_i, v_iu_i', v_iv_i', v_i, u_i', v_i', 1]^{\mathrm{T}},$$
$$\boldsymbol{f} = [F_{11}, F_{12}, F_{13}, F_{21}, F_{22}, F_{23}, F_{31}, F_{32}, F_{33}]^{\mathrm{T}}.$$

F_{ij}为基础矩阵第 i 行第 j 列的元素.

给定 n 组对应点,由式(4.36)表示为乘积的形式后,可以通过下式求解:

$$\boldsymbol{B}\boldsymbol{f} = \boldsymbol{0}. \tag{4.37}$$

这里,

$$\boldsymbol{B} = \begin{bmatrix} \boldsymbol{u}_1^{\mathrm{T}} \\ \vdots \\ \boldsymbol{u}_n^{\mathrm{T}} \end{bmatrix}$$

对于中心投影,基础矩阵的秩为 2,再由于比例任意,因此只有 7 个自由度. 即,最少给定 7 组对应点,可以求解. 如果给定 8 组以上的对应点,存在线性解法. 基于最小二乘法,有

$$\min_F \sum_i (\tilde{\boldsymbol{m}}_i^{\mathrm{T}}\boldsymbol{F}\tilde{\boldsymbol{m}}_i')^2 \tag{4.38}$$

与下式的解等价:

$$\min_f \boldsymbol{f}^{\mathrm{T}}\boldsymbol{B}^{\mathrm{T}}\boldsymbol{B}\boldsymbol{f}. \tag{4.39}$$

这里,$\boldsymbol{f}$ 的比例任意.

加入 $\|\boldsymbol{f}\| = 1$ 的约束,可以求解式(4.39). $\boldsymbol{f}$ 为 $\boldsymbol{B}^{\mathrm{T}}\boldsymbol{B}$ 的最小特征值对应的特征向量.

利用这种线性解法得到的基础矩阵,一般不满足秩为 2 的条件. 因此,需要求与线性解法得到的基础矩阵最相近的秩为 2 的矩阵. 对 $\boldsymbol{F}$ 做奇异值分解,得到

$$\boldsymbol{F} = \boldsymbol{U}\boldsymbol{\Sigma}\boldsymbol{V}^{\mathrm{T}}.$$

这里,Σ 为与 $\sigma_1 \geqslant \sigma_2 \geqslant \sigma_3$ 的顺序对应的对角矩阵 $\Sigma = \mathrm{diag}(\sigma_1, \sigma_2, \sigma_3)$,$\boldsymbol{U}, \boldsymbol{V}$ 分别为对 $\boldsymbol{F}$ 进行奇异值分解后得到的左右正交矩阵.

这里最相近的秩为 2 的矩阵 $\hat{\boldsymbol{F}}$ 为

$$\hat{\boldsymbol{F}} = \boldsymbol{U}\hat{\boldsymbol{\Sigma}}\boldsymbol{V}^{\mathrm{T}}. \tag{4.40}$$

其中，$\hat{\boldsymbol{\Sigma}} = \mathrm{diag}(\sigma_1, \sigma_2, 0)$. [58]

这里所谓的"相近"意味着下面定义的矩阵的模(Frobenius norm)很小. 矩阵 $\boldsymbol{A} = [a_{ij}], i = 1, \cdots, m; j = 1, \cdots, n$ 的模定义为

$$\|\boldsymbol{A}\| = \sqrt{\sum_{i=1}^{m}\sum_{j=1}^{n} a_{ij}^2}. \tag{4.41}$$

可以证明 $\hat{\boldsymbol{F}}$ 为 $\|\boldsymbol{F} - \hat{\boldsymbol{F}}\|$ 最小且秩为 2 的矩阵(参考练习题).

实际上，使用上述的线性解法，非常容易受误差的影响. 可以从 $\boldsymbol{u}_i$ 本身看出，前面元素中的 u_i 和 u_i' 的数量有数万这样的数量级，与最后一个元素等于 1 相比，相差很大，因此极易受数值计算误差大的影响. 因此，首先利用该线性变换对影像进行规一化处理，即将影像的坐标原点从左上角移到特征点的重心，将影像的比例缩小到 $-\sqrt{2} \sim \sqrt{2}$ 的范围内，对于变化后的影像，再应用上述的线性解法. [27]

n 个特征点的重心 $(\bar{u}, \bar{v})$，可以由下式计算：

$$\begin{bmatrix} \bar{u} \\ \bar{v} \end{bmatrix} = \frac{1}{n}\sum_{k=1}^{n}\begin{bmatrix} u_k \\ v_k \end{bmatrix}. \tag{4.42}$$

另外 u, v 的分布分别由下式计算：

$$\sigma_u = \sqrt{\frac{1}{n}\sum_{k=1}^{n}(u_i - \bar{u})^2}, \tag{4.43}$$

$$\sigma_v = \sqrt{\frac{1}{n}\sum_{k=1}^{n}(v_i - \bar{v})^2}. \tag{4.44}$$

规一化之后的坐标为 $\bar{\boldsymbol{m}}$. $\bar{\boldsymbol{m}}$ 由下式计算：

$$\tilde{\bar{\boldsymbol{m}}} = \boldsymbol{T}\tilde{\boldsymbol{m}}. \tag{4.45}$$

这里，

$$\boldsymbol{T} = \begin{bmatrix} \frac{1}{\sigma_u} & 0 & -\frac{\bar{u}}{\sigma_u} \\ 0 & \frac{1}{\sigma_u} & -\frac{\bar{v}}{\sigma_u} \\ 0 & 0 & 1 \end{bmatrix}. \tag{4.46}$$

第 1 张影像与第 2 张影像的规一化变换矩阵分别为 $\boldsymbol{T}$ 和 $\boldsymbol{T}'$，将式(4.45)代入式(4.4)得

$$\tilde{\boldsymbol{m}}^{\mathrm{T}}\boldsymbol{T}^{-\mathrm{T}}\boldsymbol{F}\boldsymbol{T}'^{-1}\tilde{\boldsymbol{m}}' = 0. \tag{4.47}$$

设

$$\boldsymbol{F}' = \boldsymbol{T}^{-\mathrm{T}}\boldsymbol{F}\boldsymbol{T}'^{-1}, \tag{4.48}$$

则利用规一化之后的影像坐标通过式(4.37)可以求出 $\boldsymbol{F}'$. 先求出 $\boldsymbol{F}'$之后，再通过 $\boldsymbol{F} = \boldsymbol{T}^{\mathrm{T}}\boldsymbol{F}'\boldsymbol{T}'$可以求出本来的基础矩阵，这样数值计算的误差要小.

求基础矩阵的另外一个解法是具有物理意义的量的最优化. 这里所谓具有物理意义的量为，各点与其对应的核线之间的距离的平方和(参考图 4.3). 定义评价函数为：

$$C = \sum_i \left(\frac{(\tilde{\boldsymbol{m}}_i^{\mathrm{T}}\boldsymbol{F}\tilde{\boldsymbol{m}}_i')^2}{l_{1i}^2 + l_{2i}^2} + \frac{(\tilde{\boldsymbol{m}}_i^{\mathrm{T}}\boldsymbol{F}\tilde{\boldsymbol{m}}_i')^2}{l'^2_{1i} + l'^2_{2i}} \right). \tag{4.49}$$

其中，$\boldsymbol{F}\tilde{\boldsymbol{m}}_i' = [l_{1i}, l_{2i}, l_{3i}]^{\mathrm{T}}$，$\boldsymbol{F}^{\mathrm{T}}\tilde{\boldsymbol{m}}_i' = [l'_{1i}, l'_{2i}, l'_{3i}]^{\mathrm{T}}$.

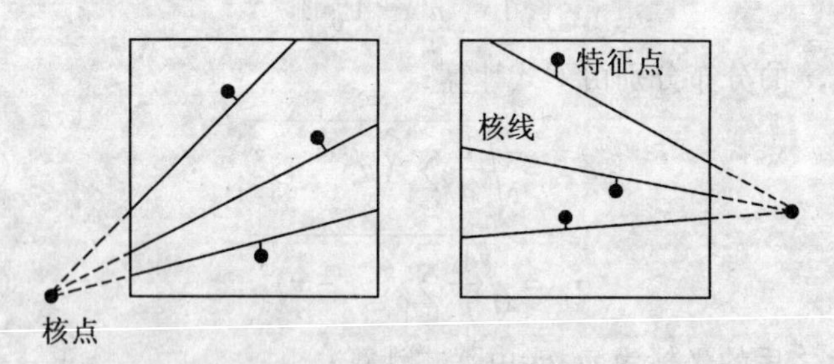

图 4.3　通过使各点到核线的距离的平方和最小来求核线方程式

式(4.49)的最小化有各种各样的解法，包括将基础矩阵的 9 个元素表示为 7 个独立元素的函数的解法[68]以及插入法[13,35]等. 详细解法在这里省略，请参阅相关参考文献. 另外还有根据输入的 2 张中心投影的影像，用核线方程式同时确定特征点的对应与基础矩阵的方法，请参阅文献[65,66].

4.5 利用对应点确定仿射投影中的核线方程式

本节介绍根据对应点确定仿射投影中的核线方程式的方法[51,62].

对于仿射投影,基础矩阵左上角的4个元素为0. 核线方程式可以写为

$$\boldsymbol{u}_i^{\mathrm{T}}\boldsymbol{f}+f_{33}=0.$$

其中,

$$\boldsymbol{u}_i=[u_i,v_i,u_i',v_i']^{\mathrm{T}},$$

$$\boldsymbol{f}=[f_{13},f_{23},f_{31},f_{32}]^{\mathrm{T}}.$$

仿射投影的基础矩阵的自由度为4. 因此,最少需要给定4组对应点才能求出基础矩阵,即$\boldsymbol{f}$. 如果给定4组以上的对应点,基于最小二乘法,可以利用与中心投影类似的方法求解.

与前节一样,下面考察如何使各点到对应核线之间的距离的平方和最小(见图4.4).

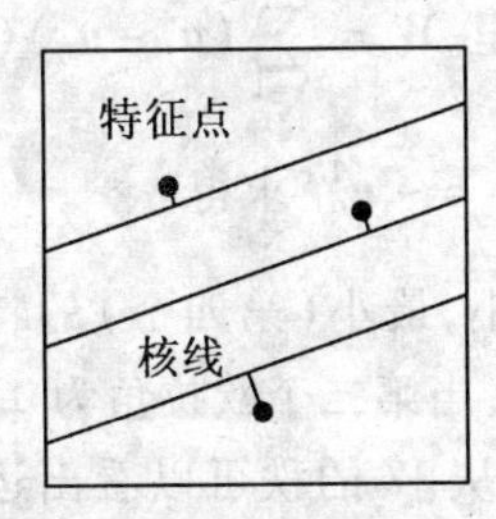

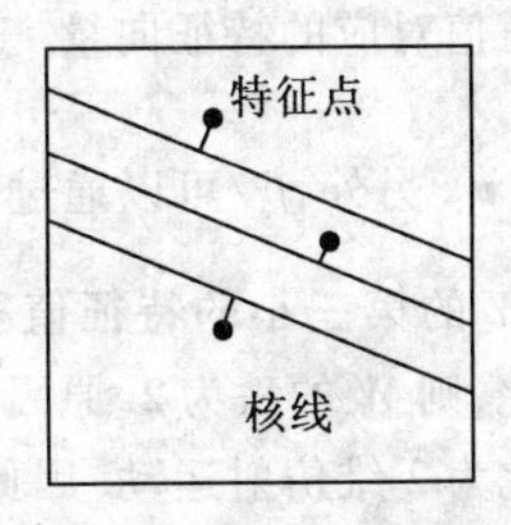

图4.4 通过使各点到核线的Euclidean距离的平方和最小来求核线方程式. 对于弱中心投影,各影像上的核线平行,间距固定

对于影像1与影像2,Euclidean距离的平方和分别为

$$d_1^2=\sum_{i=1}^{n}\frac{\varepsilon_i^2}{f_{13}^2+f_{23}^2},\tag{4.50}$$

$$d_2^2 = \sum_{i=1}^{n} \frac{\varepsilon_i^2}{f_{31}^2 + f_{32}^2}. \tag{4.51}$$

这里，$\varepsilon_i^2 = (\boldsymbol{u}_i^{\mathrm{T}}\boldsymbol{f} + f_{33})^2$. 一般两张影像的比例不同，核线间的间距也不同，与直接利用上式计算得到的 d_1^2 和 d_2^2 相比，考虑比例因素要更合理. 这时，定义最小化的量为

$$C = \frac{1}{2}\left(\frac{1}{1+\rho^2}d_1^2 + \frac{\rho^2}{1+\rho^2}d_2^2\right). \tag{4.52}$$

其中 $\rho = \left(\frac{f_{31}^2 + f_{32}^2}{f_{13}^2 + f_{23}^2}\right)^{\frac{1}{2}}$ 为对于仿射投影的核线方程式所定义的比例变化. 将 ρ, d_1, d_2 代入式(4.52)，得

$$C = \sum_{i=1}^{n} \frac{\varepsilon_i^2}{f_{13}^2 + f_{23}^2 + f_{31}^2 + f_{32}^2} = \sum_{i=1}^{n} \frac{(\boldsymbol{u}_i^{\mathrm{T}}\boldsymbol{f} + f_{33})^2}{\boldsymbol{f}^{\mathrm{T}}\boldsymbol{f}}. \tag{4.53}$$

对于使式(4.53)中的量最小化，可以通过下面的叙述理解. 将对应点对看成4维空间中的点，核线方程式则为4维空间中的超平面，C 为4维空间点到4维平面的 Euclidean 距离的平方和. 这里除了维数不同之外，其余与直线拟合的问题等价(参照附录E). f 为 $\boldsymbol{W}$ 的最小特征值对应的特征向量. 这里，$\boldsymbol{W} = \sum_{i=1}^{n}(\boldsymbol{u}_i - \boldsymbol{u}_0)(\boldsymbol{u}_i - \boldsymbol{u}_0)^{\mathrm{T}}$，$\boldsymbol{u}_0 = \frac{1}{n}\sum_{i=1}^{n}\boldsymbol{u}_i$. 另外，$f_{33}$ 可以通过 $f_{33} = -\boldsymbol{u}_0^{\mathrm{T}}\boldsymbol{f}$ 求得.

如果 $\boldsymbol{W}$ 的第三小的特征值很小，最小(第四个)的特征值也没有太大变化，则 $\boldsymbol{W}$ 的秩为2. 原因是，当第二个欧拉角为0时，可以认为运动退化为2维仿射运动. 因此，从 $\boldsymbol{W}$ 的秩可以看出运动如何退化，还可以判断能否稳定地求解核线方程式.

4.6 练习题

1. 求本质矩阵与基础矩阵的秩.

2. 给定 $EE^{\mathrm{T}} = \begin{bmatrix} 0 & 0 & 0 \\ 0 & 1 & 0 \\ 0 & 0 & 1 \end{bmatrix}$ 时,求旋转矩阵 $\boldsymbol{R}$ 与平移向量 $\boldsymbol{t}$.

3. 证明式(4.40)定义的 $\hat{\boldsymbol{F}}$ 为使 $\| \boldsymbol{F} - \hat{\boldsymbol{F}} \|$ 最小且秩为2的矩阵.

4. 用 $C = d_2^2$ 的最小化代替式(4.52)的最小化,来确定核线方程式,叙述该最小化的线性解法.

第5章 基于弱中心投影影像的3维重建

本章介绍由多张弱中心投影影像恢复3维运动和形状.

运动影像中,对象物体的形状和对象物体相对于相机的运动是两个需要确定的要素.运动确定,则形状也就确定了;相反,形状确定,则运动就确定了.因此,下面介绍的算法有形状和运动同时确定的算法,也有只确定一个要素的算法.

基于运动图像的恢复,从原理上讲,存在无法复原的参数.比如3维形状的缩放比例.如图5.1所示,无论3维空间放大还是缩小,显然都得到同样的图像.这与相机间运动中的平移向量的长度无法确定等价.另外,对象物体的3维坐标系必须事先确定.大多数情况下,坐标原点设在物体的重心,方向与第一张影像的相机坐标系方向相同.

与立体相同,形状的恢复与运动量(旋转和平移)的大小有关,对于小的运动,影像的变化也小,当然3维形状与运动的恢复也就比较难.

本章中,首先在5.1节介绍利用3张弱中心投影影像恢复运动和形状,然后在5.2节,介绍利用弱中心投影影像序列的奇异值分解来进行3维复原,最后在5.3节叙述弱中心投影中的3维形状恢复.

5.1 基于3张弱中心投影影像的运动与形状恢复

对于弱中心投影等仿射投影,投影为线性,因此存在运动与形状恢复的线性算法[9,33,60,63].

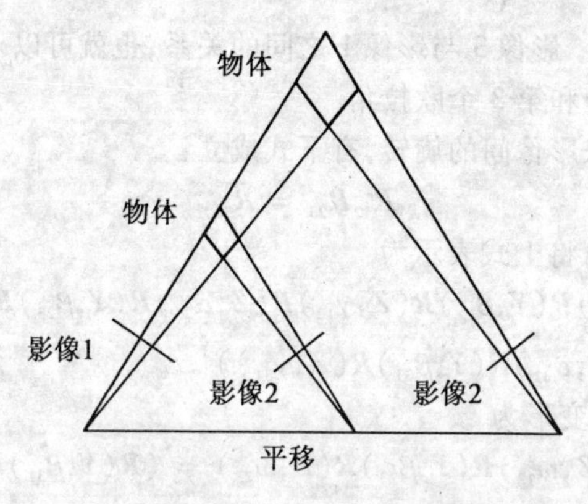

图5.1　无论3维空间中的物体放大还是缩小，影像没有任何变化，因此无法从影像中恢复3维空间中物体的形状比例和平移运动的比例

首先，根据4.3节的叙述，一般可以求出2张弱中心投影影像间的核线方程式. 利用求得的核线方程式可以解出第1个和第3个欧拉角. 对于第2个欧拉角，仅用2张影像无法求出，需要第3张影像. 利用3张影像可以得到3个核线方程式，能够求解6个参数. 实际上每个旋转矩阵只有2个参数，总共就只有6个未知数，因此可以完全恢复旋转矩阵. 下面进行详细介绍.

根据式(4.24)、式(4.25)、式(4.26)、式(4.27)，由核线方程式可以求出第1个和第3个欧拉角的两组解. 两组解之间存在下面的关系：

$$\alpha_2 = \alpha_1 \pm \pi, \gamma_2 = \gamma_1 \pm \pi.$$

由于

$$\begin{aligned} \boldsymbol{R} &= \boldsymbol{R}(Z, \alpha_1 \pm \pi)\boldsymbol{R}(Y, \beta)\boldsymbol{R}(Z, \gamma_1 \pm \pi) \\ &= \boldsymbol{R}(Z, \alpha_1)\boldsymbol{R}(Y, -\beta)\boldsymbol{R}(Z, \gamma_1) \end{aligned} \tag{5.1}$$

恒成立，因此欧拉角$(\alpha \pm \pi, \beta, \gamma \pm \pi)$与欧拉角$(\alpha, -\beta, \gamma)$等价. 由于$(\alpha, \beta, \gamma)$与$(\alpha, -\beta, \gamma)$为后面叙述的线性解法求出的两组解，那么无论选择$\alpha_1$与$\alpha_2$中的哪一个都得到同样的结果. 这里采用限制$\alpha$的范围为$-\frac{\pi}{2} < \alpha \leqslant \frac{\pi}{2}$的方法，这样就建立了影像1与影像2，影

像2与影像3，影像3与影像1之间的关系，也就可以求出各影像对之间的第1个和第3个欧拉角.

对于3张影像间的旋转，有下式成立：

$$\boldsymbol{R}_{12}\boldsymbol{R}_{23} = \boldsymbol{R}_{31}^{\mathrm{T}}. \tag{5.2}$$

可以用欧拉角将上式表示为

$$\boldsymbol{R}(Z,\alpha_{12})\boldsymbol{R}(Y,\beta_{12})\boldsymbol{R}(Z,\gamma_{12})\boldsymbol{R}(Z,\alpha_{23})\boldsymbol{R}(Y,\beta_{23})\boldsymbol{R}(Z,\gamma_{23}) = (\boldsymbol{R}(Z,\alpha_{31})\boldsymbol{R}(Y,\beta_{31})\boldsymbol{R}(Z,\gamma_{31}))^{\mathrm{T}}. \tag{5.3}$$

式(5.3)可以变形为

$$\boldsymbol{R}(Y,\beta_{12})\boldsymbol{R}(Z,\omega_{12})\boldsymbol{R}(Y,\beta_{23})\boldsymbol{R}(Z,\omega_{23}) = (\boldsymbol{R}(Y,\beta_{31})\boldsymbol{R}(Z,\omega_{31}))^{\mathrm{T}}. \tag{5.4}$$

其中，

$$\omega_{12} = \gamma_{12} + \alpha_{23}, \omega_{23} = \gamma_{23} + \alpha_{31}, \omega_{31} = \gamma_{31} + \alpha_{12}.$$

再有，令 $a_1 = \cos\omega_{12}$，$b_1 = \sin\omega_{12}$，$a_2 = \cos\omega_{23}$，$b_2 = \sin\omega_{23}$，$a_3 = \cos\omega_{31}$，$b_3 = \sin\omega_{31}$，$c_1 = \cos\beta_{12}$，$d_1 = \sin\beta_{12}$，$c_2 = \cos\beta_{23}$，$d_2 = \sin\beta_{23}$，$c_3 = \cos\beta_{31}$，$d_3 = \sin\beta_{31}$，式(5.4)可以写为

$$\begin{bmatrix} A & B & C \\ D & E & F \\ G & H & I \end{bmatrix} = \begin{bmatrix} A' & B' & C' \\ D' & E' & f' \\ G' & H' & I' \end{bmatrix}. \tag{5.5}$$

其中，

$$A = a_1a_2c_1c_2 - b_1b_2c_1 - a_2d_1d_2,$$

$$B = -a_1b_2c_1c_2 - b_1a_2c_1 + b_2d_1d_2,$$

$$C = a_1c_1d_2 + d_1c_2,$$

$$D = b_1a_2c_2 + a_1b_2,$$

$$E = -b_1b_2c_2 + a_1a_2,$$

$$F = b_1d_2,$$

$$G = a_1a_2d_1c_2 + b_1b_2c_1 - a_2c_1d_2,$$

$$H = a_1b_2d_1c_2 + b_1a_2d_1 + b_2c_1d_2,$$

$$I = a_1d_1d_2 + c_1c_2,$$

$$A' = a_3, c_3,$$

$$
\begin{aligned}
B' &= b_2, \\
C' &= -a_3 d_3, \\
D' &= -b_3 c_3, \\
E' &= a_3, \\
F' &= b_3 d_3, \\
G' &= d_3, \\
H' &= 0, \\
I' &= c_3.
\end{aligned}
$$

式(5.5)表示矩阵的第2行第2列的元素为

$$-b_1 b_2 c_2 + a_1 a_2 = a_3. \tag{5.6}$$

式(5.2)可以变形为

$$\boldsymbol{R}_{23}\boldsymbol{R}_{31} = \boldsymbol{R}_{12}^{\mathrm{T}}, \tag{5.7}$$

$$\boldsymbol{R}_{31}\boldsymbol{R}_{12} = \boldsymbol{R}_{23}^{\mathrm{T}}. \tag{5.8}$$

由式(5.7),式(5.8),可以求出与式(5.6)具有同样形式的结果:

$$-b_2 b_3 c_3 + a_2 a_3 = a_1, \tag{5.9}$$

$$-b_3 b_1 c_1 + a_3 a_1 = a_2. \tag{5.10}$$

由式(5.6),式(5.9),式(5.10),可以求出 c_1, c_2, c_3:

$$c_1 = \frac{a_3 a_1 - a_2}{b_3 b_1},\ c_2 = \frac{a_1 a_2 - a_3}{b_1 b_2},\ c_3 = \frac{a_2 a_3 - a_1}{b_2 b_3}. \tag{5.11}$$

再有,由于

$$c_i^2 + d_i^2 = 1, \quad i = 1,2,3 \tag{5.12}$$

成立,可以得到

$$d_i = \pm\sqrt{1 - c_i^2}, \quad i = 1,2,3. \tag{5.13}$$

因此,根据式(5.5)矩阵的第2行第3列的要素,同样根据式(5.7)和式(5.8)分别可以得

$$b_1 d_2 = b_3 d_3,\ b_2 d_3 = b_1 d_1,\ b_3 d_1 = b_2 d_2. \tag{5.14}$$

d_i 为要求解的6个参数,根据式(5.14)的表示可知它们之间不独立. d_1, d_2, d_3 中任何一个的符号确定了,其他的符号也就确定了. 因此,(d_1, d_2, d_3) 的组合只有两组. 第2个欧拉角由下式计算:

$$\beta_{12} = \arctan2(c_1, d_1), \beta_{23} = \arctan2(c_2, d_2), \beta_{31} = \arctan2(c_3, d_3). \tag{5.15}$$

由于可以求出(d_1, d_2, d_3)的两组解,因此就可以求出$(\beta_{12}, \beta_{23}, \beta_{31})$的两组解. 求出的$\beta$的两组解的绝对值相等符号相反.

如果

$$\begin{bmatrix} X \\ Y \\ Z \end{bmatrix} = \boldsymbol{R}(Z, \alpha)\boldsymbol{R}(Y, \beta)\boldsymbol{R}(Z, \gamma)\begin{bmatrix} X' \\ Y' \\ Z' \end{bmatrix} \tag{5.16}$$

成立,则

$$\begin{bmatrix} X \\ Y \\ -Z \end{bmatrix} = \boldsymbol{R}(Z, \alpha)\boldsymbol{R}(Y, -\beta)\boldsymbol{R}(Z, \gamma)\begin{bmatrix} X' \\ Y' \\ -Z' \end{bmatrix} \tag{5.17}$$

也成立.

这意味着,如果第2个欧拉角的符号取反,同时3维点的Z坐标也取反,将得到相同的影像. 在人眼的体会中,也存在这类所谓的Necker Reversal现象.

下面,求对象物体的3维形状. 弱中心投影中,3维点重心的投影为2维影像点的重心. 如果设定物体坐标系的原点为3维点的重心,各影像中特征点的重心在影像的原点,则可以重新计算特征点的坐标.

设影像$j(j=1,2,3)$中第i个特征点的坐标为$\boldsymbol{x}_i^j = (x_i^j, y_i^j)$. 物体坐标系的原点为物体的重心,姿态与第1张影像的相机坐标相同. 设$\boldsymbol{X}_i$为该坐标系下的3维点的坐标. 由于物体的比例无法确定,这里设为与影像1的比例相同. 各影像相对于物体坐标系的旋转矩阵表示如下:

$$\boldsymbol{R}_{11} = \begin{bmatrix} 1 & 0 & 0 \\ 0 & 1 & 0 \\ 0 & 0 & 1 \end{bmatrix}, \boldsymbol{R}_{12} = \begin{bmatrix} r_{11} & r_{12} & r_{13} \\ r_{21} & r_{22} & r_{23} \\ r_{31} & r_{32} & r_{33} \end{bmatrix}, \boldsymbol{R}_{13} = \begin{bmatrix} r_{11}' & r_{12}' & r_{13}' \\ r_{21}' & r_{22}' & r_{23}' \\ r_{31}' & r_{32}' & r_{33}' \end{bmatrix}.$$

$\boldsymbol{R}_{12}, \boldsymbol{R}_{13}$由前面叙述的运动恢复方法求出.

由于假定是弱中心投影，则可以推导出

$$\left.\begin{aligned} \boldsymbol{x}_i^1 &= \begin{bmatrix} 1 & 0 & 0 \\ 0 & 1 & 0 \end{bmatrix} \boldsymbol{X}_i, \\ s_2 \boldsymbol{x}_i^2 &= \begin{bmatrix} r_{11} & r_{12} & r_{13} \\ r_{21} & r_{22} & r_{23} \end{bmatrix} \boldsymbol{X}_i, \\ \frac{1}{s_3} \boldsymbol{x}_i^3 &= \begin{bmatrix} r_{11}' & r_{12}' & r_{13}' \\ r_{21}' & r_{22}' & r_{23}' \end{bmatrix} \boldsymbol{X}_i. \end{aligned}\right\} \tag{5.18}$$

s_2 与$\dfrac{1}{s_3}$为影像 2 和影像 3 相对于影像 1 的比例，可以由核线方程求出.

将(5.18)合并为一个公式，则可以表示为

$$\begin{bmatrix} \boldsymbol{x}_i^1 \\ s_2 \boldsymbol{x}_i^2 \\ \dfrac{1}{s_3} \boldsymbol{x}_i^3 \end{bmatrix} = \boldsymbol{A} \boldsymbol{X}_i. \tag{5.19}$$

其中，

$$\boldsymbol{A} = \begin{bmatrix} 1 & 0 & 0 \\ 0 & 1 & 0 \\ r_{11} & r_{12} & r_{13} \\ r_{21} & r_{22} & r_{23} \\ r_{11}' & r_{21}' & r_{31}' \\ r_{12}' & r_{22}' & r_{32}' \end{bmatrix}.$$

$\boldsymbol{X}_i$ 可由下式求出：

$$\boldsymbol{X}_i = \boldsymbol{A}^+ \begin{bmatrix} \boldsymbol{x}_i^1 \\ s_2 \boldsymbol{x}_i^2 \\ \dfrac{1}{s_3} \boldsymbol{x}_i^3 \end{bmatrix}. \tag{5.20}$$

下面给出一个例子. 图 5.2 所示为从三个方向看到的足球的影像. 应用上面所述的方法，求出 3 维点的坐标. 将它们用直线连接起

来,投影到不同的平面得到的结果,如图 5.3 所示.

图 5.2　从三个方向看到的足球的影像

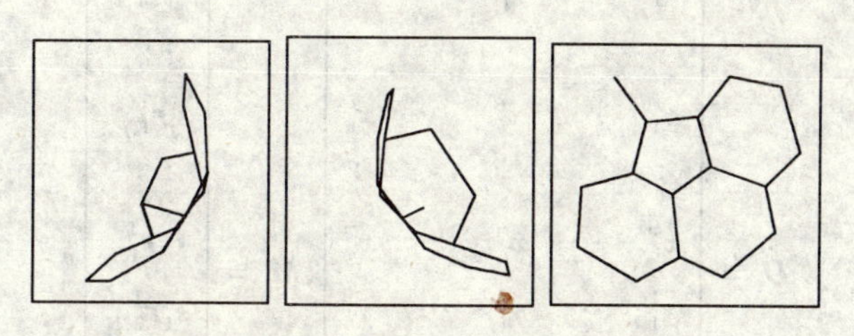

图5.3 从不同的角度观察由恢复的球上的特征点(用直线连接)组成3维形状

5.2 基于奇异值分解利用影像序列进行运动与形状的复原

本节叙述从影像序列中的对应点出发,一起处理同时恢复形状和运动的方法[57]. 与上节相同,这里假定为弱中心投影. 另外设第j $(j=1,\cdots,m)$张影像中第$i(i=1,\cdots,n)$个点的坐标为(x_i^j, y_i^j),这些坐标都定义在以所有特征点的重心为原点的坐标系下.

与前节相同,有下式成立:

$$\begin{bmatrix} x_i^j \\ y_i^j \end{bmatrix} = s_j \begin{bmatrix} \boldsymbol{r}_{1,j}^{\mathrm{T}} \\ \boldsymbol{r}_{2,j}^{\mathrm{T}} \end{bmatrix} \begin{bmatrix} X_i \\ Y_i \\ Z_i \end{bmatrix}. \tag{5.21}$$

这里,s_j为第j幅影像相对于物体的比例,$\boldsymbol{r}_{1,j}$和$\boldsymbol{r}_{2,j}$分别为第j个相机坐标系相对于物体坐标系的旋转矩阵的第1行和第2行的行向量,$[X_i, Y_i, Z_i]^{\mathrm{T}}$为第$i$个点的3维坐标. 设定物体的比例与第1幅影像的比例相同($s_1=1$),物体坐标系的姿态与第1幅影像的相机坐标系相同($\boldsymbol{r}_{1,1}=[1,0,0]^{\mathrm{T}}, \boldsymbol{r}_{2,1}=[0,1,0]^{\mathrm{T}}$),并将所有影像上的所有点输入到一个矩阵中,则可得

$$\boldsymbol{D} = \boldsymbol{MS}. \tag{5.22}$$

其中,

$$D=\begin{bmatrix} x_1^1 & \cdots & x_i^1 & \cdots & x_n^1 \\ \vdots & & \vdots & & \vdots \\ x_1^j & \cdots & x_i^j & \cdots & x_n^j \\ \vdots & & \vdots & & \vdots \\ x_1^m & \cdots & x_i^m & \cdots & x_n^m \\ y_1^1 & \cdots & y_i^1 & \cdots & y_n^1 \\ \vdots & & \vdots & & \vdots \\ y_1^j & \cdots & y_i^j & \cdots & y_n^j \\ \vdots & & \vdots & & \vdots \\ y_1^m & \cdots & y_i^m & \cdots & y_n^m \end{bmatrix}, M=\begin{bmatrix} s_1\boldsymbol{r}_{1,1}^{\mathrm{T}} \\ \vdots \\ s_j\boldsymbol{r}_{1,j}^{\mathrm{T}} \\ \vdots \\ s_m\boldsymbol{r}_{1,m}^{\mathrm{T}} \\ s_1\boldsymbol{r}_{2,1}^{\mathrm{T}} \\ \vdots \\ s_j\boldsymbol{r}_{2,j}^{\mathrm{T}} \\ \vdots \\ s_m\boldsymbol{r}_{2,m}^{\mathrm{T}} \end{bmatrix},$$

$$S=\begin{bmatrix} X_1 & \cdots & X_i & \cdots & X_n \\ Y_1 & \cdots & Y_i & \cdots & Y_n \\ Z_1 & \cdots & Z_i & \cdots & Z_n \end{bmatrix}$$

从 $\boldsymbol{M}$ 和 $\boldsymbol{S}$ 的形状可以看出,$\boldsymbol{D}$ 的秩为3. 现在,给定 $\boldsymbol{D}$,求 $\boldsymbol{M}$ 和 $\boldsymbol{S}$.

首先,对矩阵 $\boldsymbol{D}$ 进行奇异值分解,得到

$$\boldsymbol{D}=\boldsymbol{U}\boldsymbol{\Sigma}\boldsymbol{V}^{\mathrm{T}}.$$

这里,$\boldsymbol{\Sigma}$ 为奇异值按大小顺序排列在对角线上的对角阵,$\boldsymbol{U}$ 和 $\boldsymbol{V}$ 分别为左右正交矩阵. 由于影像的数字误差,可以得出3个以上的非零奇异值. 但是,由于第4个以后的奇异值为噪声,与前面的3个奇异值相比数值比较小. 将这些奇异值作为噪声删除,同时删除对应的奇异向量. 整理余下的部分,变成

$$\boldsymbol{D}'=\boldsymbol{L}'\boldsymbol{\Sigma}'\boldsymbol{R}'^{\mathrm{T}}=\boldsymbol{M}'\boldsymbol{S}'.$$

其中,$\boldsymbol{M}'=\boldsymbol{L}'(\boldsymbol{\Sigma}')^{\frac{1}{2}}$,$\boldsymbol{S}'=(\boldsymbol{\Sigma}')^{\frac{1}{2}}\boldsymbol{R}'^{\mathrm{T}}$. $\boldsymbol{D}'=\boldsymbol{L}'\boldsymbol{\Sigma}'\boldsymbol{R}'^{\mathrm{T}}$为使 $\|\boldsymbol{D}-\boldsymbol{D}'\|$ 为最小且秩为3的矩阵(证明参照第4章练习题3).

若由 $\boldsymbol{D}'$求 $\boldsymbol{M}$ 和 $\boldsymbol{S}$,它的结果不惟一. 原因是,对于任意的正则(非奇异)矩阵 $\boldsymbol{C}$,都满足

$$\boldsymbol{D}'=(\boldsymbol{M}'\boldsymbol{C})(\boldsymbol{C}^{-1}\boldsymbol{S}'). \tag{5.23}$$

因此,式(5.23)中的 $\boldsymbol{C}$ 可以通过满足 $\boldsymbol{M}=\boldsymbol{M}'\boldsymbol{C}$ 而求出. $\boldsymbol{C}$ 满足

$$\boldsymbol{M}\boldsymbol{M}^{\mathrm{T}}=\boldsymbol{M}'\boldsymbol{C}\boldsymbol{C}^{\mathrm{T}}\boldsymbol{M}'^{\mathrm{T}}=\begin{bmatrix}1 & \cdots & \cdots & 0 & \cdots & \cdots\\ \vdots & \ddots & \vdots & \vdots & \ddots & \vdots\\ \cdots & \cdots & s_m^2 & \cdots & \cdots & 0\\ 0 & \cdots & \cdots & 1 & \cdots & \cdots\\ \vdots & \ddots & \vdots & \vdots & \ddots & \vdots\\ \cdots & \cdots & 0 & \cdots & \cdots & s_m^2\end{bmatrix}. \quad (5.24)$$

令 $\boldsymbol{B}=\boldsymbol{C}\boldsymbol{C}^{\mathrm{T}}$,由式(5.24)可以得到与 $\boldsymbol{B}$ 的6个要素相关的 $2m+1$ 个线性方程式. 如果 $m\geqslant 3$, $\boldsymbol{B}$ 的要素则可以确定出来.

下面由 $\boldsymbol{B}$ 求 $\boldsymbol{C}$. $\boldsymbol{C}$ 的自由度(9)比 $\boldsymbol{B}$ 的自由度(6)多,因此加入条件($\boldsymbol{r}_{1j}=[1,0,0]^{\mathrm{T}}$, $\boldsymbol{r}_{2j}=[0,1,0]^{\mathrm{T}}$)就可以确定 $\boldsymbol{C}$(参照练习题). 这时候,出现两个解(Necker Reversal). 如果确定了 $\boldsymbol{C}$,根据 $\boldsymbol{M}=\boldsymbol{M}'\boldsymbol{C}$ 和 $\boldsymbol{S}=\boldsymbol{C}^{-1}\boldsymbol{S}'$,旋转和形状就可以确定.

5.3　利用规一化相关实现密集的形状重建

如果基于特征点的对应确定了3维运动,则可以确定特征点以外的点的3维形状.

根据5.1节的叙述,给定3张弱中心投影的影像,就可以利用线性算法求出它们之间的运动,并可以计算出对应特征点的3维坐标. 假定在以特征点的重心为原点的影像坐标系下的坐标分别为 (x,y), (x',y'), (x'',y''),则有下面的关系式成立:

$$\begin{bmatrix}x\\y\\z\end{bmatrix}=s_{12}\boldsymbol{R}_{12}\begin{bmatrix}x'\\y'\\z'\end{bmatrix},\quad \begin{bmatrix}x\\y\\z\end{bmatrix}=s_{13}\boldsymbol{R}_{13}\begin{bmatrix}x''\\y''\\z''\end{bmatrix}.$$

其中, s_{12}, s_{13}, $\boldsymbol{R}_{12}$, $\boldsymbol{R}_{13}$ 为已知.

对于任意影像点 (x, y),如果假定它的 z 坐标为 $z(x,y)$,则该点在其他影像上的投影的坐标可以通过下式计算出来:

$$\begin{bmatrix} x' \\ y' \end{bmatrix} = \frac{1}{s_{12}} \boldsymbol{I}_{23} \boldsymbol{R}_{12}^{\mathrm{T}} \begin{bmatrix} x \\ y \\ z(x,y) \end{bmatrix}, \tag{5.25}$$

$$\begin{bmatrix} x'' \\ y'' \end{bmatrix} = \frac{1}{s_{13}} \boldsymbol{I}_{23} \boldsymbol{R}_{13}^{\mathrm{T}} \begin{bmatrix} x \\ y \\ z(x,y) \end{bmatrix}. \tag{5.26}$$

这里，$\boldsymbol{I}_{23} = \begin{bmatrix} 1 & 0 & 0 \\ 0 & 1 & 0 \end{bmatrix}$.

由于无法直接求出 $z(x,y)$，确定正确的 $z(x,y)$ 的条件为特征点 (x',y')，(x'',y'') 与特征点 (x,y) 相似. 可以使用任何方法计算出该相似度，随着 $z(x,y)$ 的变化，选择相似度最高时的 $z(x,y)$ 为 (x,y) 的 z 坐标比较好.

有一个计算该相似度的方法，即规一化相关法. 与点的相似度不同，相关法计算以该点为中心的局部区域内纹理的相似度，因此受噪声影响比较小.

图 5.4 表示的是具有水平核线的立体相对. 对于左影像上的一个点，取一个 $(2n+1)\times(2m+1)$ 的窗口，计算在右影像上沿核线的各点为中心的窗口与左影像上的窗口的相似度. 其中相似度最高的，即为所求的对应.

相似度的评价方法各种各样，这里用规一化相关值(normalized correction). 规一化相关值 S 由下式计算：

$$S(\boldsymbol{m}_1,\boldsymbol{m}_2) = \frac{\sum_{i=-n}^{n}\sum_{j=-m}^{m}\left(I_1(u_1+i,v_1+j)-\overline{I_1(u_1,v_1)}\right)\times\left(I_2(u_2+i,v_2+j)-\overline{I_2(u_2,v_2)}\right)}{(2n+1)(2m+1)\sqrt{\sigma^2(I_1)\times\sigma^2(I_2)}}. \tag{5.27}$$

其中，$\overline{I_k(u,v)} = \sum_{i=-n}^{n}\sum_{j=-m}^{m}\frac{I_k(u+i,v+j)}{(2n+1)(2m+1)}$ 为以点 (u,v) 为中心的窗口中各像素的灰度值 $I_k(k=1,2)$ 的平均值，$\sigma(I_k)$ 为灰度值的标准方差，由

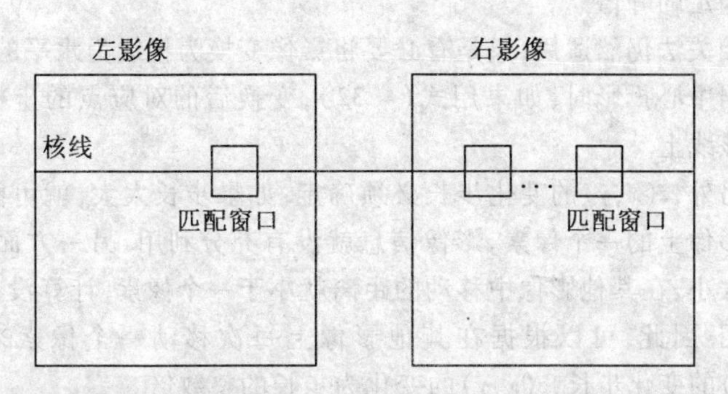

图 5.4　基于相关值的对应. 对于左(右)影像上的每一点,与右(左)影像上沿核线的各点进行相关计算

$$\sigma(I_k) = \sqrt{\frac{\sum_{i=-n}^{n}\sum_{j=-m}^{m} I_k^2(u+i, v+j)}{(2n+1)(2m+1)} - \overline{I_k(u,v)}^2} \qquad (5.28)$$

计算. 相关值在 -1 ~ +1 之间,越接近 1,则两窗口的相似度越高.

一般通过搜索图 5.5 中曲线的峰值确定对应点. 如果相关值在一定范围保持不变,这样就意味着影像纹理没有变化,那么即使有比较高的相关值,也不能确定是对应点. 另外,即使存在峰值, 峰值不十分高的时候,也不能确定为对应点.

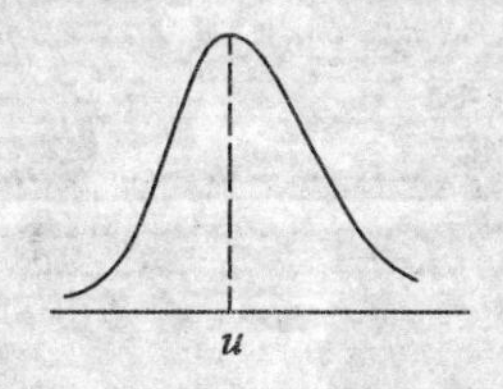

图 5.5　以相关值的峰值所在位置为对应点的位置

对于 2 张影像没有惟一确定对应点的方法,如果给定第 3 张影像,则惟一地确定对应点的概率就很高. 因此,可以灵活运用 3 张影像,搜索影像 1 与影像 2 间的相关值以及影像 1 与影像 3 间的相关

值都满足的峰值.

相关法仍然适用,只是有必要将影像变换为核线为水平的影像.当为弱中心投影时,如果用式(4.32),变换后的对应点的坐标都在水平核线上.

另外,$z(x,y)$的变化步长必须确定.如果步长太大,就可能越过其他影像上的一个像素,影像信息就没有充分利用.另一方面,如果步长太小,在其他影像中移动的距离就小于一个像素,计算没有起太大作用.因此,可以根据在其他影像上每次移动一个像素来确定$z(x,y)$的变化步长,$z(x,y)$的变化为步长的整数倍.

下面为采用该方法的一个例子.原始影像如图5.6所示,结果如图5.7所示.

图5.6　人物的3张影像

图 5.7　形状复原结果

5.4　练习题

1. 由式(5.24)求得 $\boldsymbol{B}=\boldsymbol{C}\boldsymbol{C}^{\mathrm{T}}$ 之后,求 $\boldsymbol{C}$.(提示:利用 $\boldsymbol{r}_{1j}=[1,0,0]^{\mathrm{T}}$, $\boldsymbol{r}_{2j}=[0,1,0]^{\mathrm{T}}$)
2. 推导式(5.28).

第6章 相机标定

求相机内部参数的过程称为相机标定．利用弱中心投影恢复3维形状时，不关心相机的焦距和影像的像主点，但是通过中心投影恢复3维形状，就必须进行相机标定．

相机标定的方法有多种．有放置形状已知的平面板，然后进行观测以标定的方法；有放置形状已知的物体和观测形状未知的3维空间，进行标定的自标定方法．

本章首先介绍放置形状已知的3维物体进行标定的方法和观测2维平面板进行标定的方法，最后推导出自标定使用的Kruppa方程式，以及基于Kruppa方程的自标定算法．

6.1 基于已知3维形状的标定

基于已知的3维形状进行相机标定的方法是比较传统的标定方法[59]．其过程如图6.1所示．该过程大致可分为两步：

(1)利用3维点及其在2维影像上的投影确定投影矩阵；

(2)根据投影矩阵确定内部参数和外部参数[22]．

中心投影的投影方程式表示为

$$\tilde{\boldsymbol{m}} \cong \boldsymbol{P}\tilde{\boldsymbol{M}} = \boldsymbol{A}[\boldsymbol{R} \quad \boldsymbol{t}]\tilde{\boldsymbol{M}}. \tag{6.1}$$

这里，

$$\tilde{\boldsymbol{m}} = [u,v,1]^{\mathrm{T}},\ \tilde{\boldsymbol{M}} = [X,Y,Z,1]^{\mathrm{T}},$$

$$\boldsymbol{P} = \begin{bmatrix} p_{11} & p_{12} & p_{13} & p_{14} \\ p_{21} & p_{22} & p_{23} & p_{24} \\ p_{31} & p_{32} & p_{33} & p_{34} \end{bmatrix} = \begin{bmatrix} \boldsymbol{p}_1^{\mathrm{T}} & p_{14} \\ \boldsymbol{p}_2^{\mathrm{T}} & p_{24} \\ \boldsymbol{p}_3^{\mathrm{T}} & p_{34} \end{bmatrix}.$$

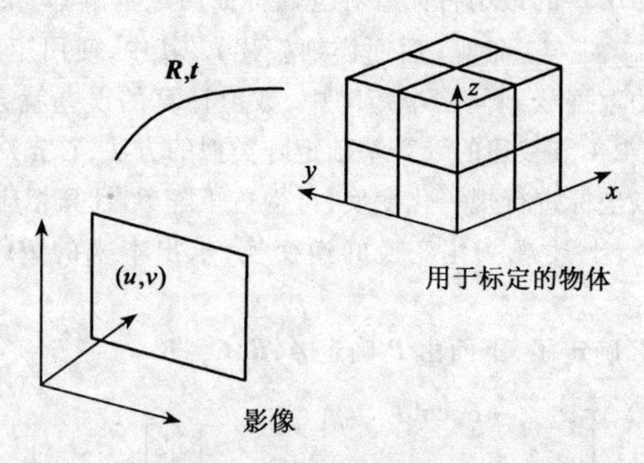

图6.1 观测已知的3维形状,根据3维点以及对应的2维像点坐标求投影矩阵

投影矩阵为3×4的矩阵,有12个元素. 相机的内部参数和外部参数总共有11个. 把式(6.1)展开,一个3维点对应2个像点,可以列2个与$\boldsymbol{p}$的要素有关的线性方程:

$$\begin{aligned}\boldsymbol{p}_1^{\mathrm{T}}\boldsymbol{M}_i - u_i\boldsymbol{p}_3^{\mathrm{T}}M_i + p_{14} - u_ip_{34} &= 0,\\ \boldsymbol{p}_2^{\mathrm{T}}\boldsymbol{M}_i - v_i\boldsymbol{p}_3^{\mathrm{T}}M_i + p_{24} - v_ip_{34} &= 0.\end{aligned} \tag{6.2}$$

如果有n个点,可得方程式

$$\boldsymbol{B}_p = \mathbf{0}. \tag{6.3}$$

这里,$\boldsymbol{p} = [\boldsymbol{p}_1^{\mathrm{T}}, p_{14}, \boldsymbol{p}_2^{\mathrm{T}}, p_{24}, \boldsymbol{p}_3^{\mathrm{T}}, p_{34}]^{\mathrm{T}}$为$\boldsymbol{P}$的元素,根据式(6.2),由$n$个点的3维坐标与2维坐标定义的$2n\times12$的矩阵为

$$\boldsymbol{B} = \begin{bmatrix} X_1 & Y_1 & Z_1 & 1 & 0 & 0 & 0 & 0 & -u_1X_1 & -u_1Y_1 & -u_1Z_1 & -u_1 \\ 0 & 0 & 0 & 0 & X_1 & Y_1 & Z_1 & 1 & -v_1X_1 & -v_1Y_1 & -v_1Z_1 & -v_1 \\ \vdots & \vdots & \vdots & \vdots & \vdots & \vdots & \vdots & \vdots & \vdots & \vdots & \vdots & \vdots \\ X_n & Y_n & Z_n & 1 & 0 & 0 & 0 & 0 & -u_nX_n & -u_nY_n & -u_nZ_n & -u_n \\ 0 & 0 & 0 & 0 & X_n & Y_n & Z_n & 1 & -v_nX_n & -v_nY_n & -v_nZ_n & -v_n \end{bmatrix}. \tag{6.4}$$

如前所述,$\boldsymbol{P}$与包括内部参数和外部参数在内的11个参数有关. 如果n个3维点不在同一平面,一般$\boldsymbol{B}$的秩为11. 因此,12×1的

$\boldsymbol{p}$ 可以作为 $\boldsymbol{B}^{\mathrm{T}}\boldsymbol{B}$ 的最小特征值对应的特征向量求解. $\boldsymbol{P}$ 的实际比例可以通过 $\|\boldsymbol{p}_3\| = 1$ 计算(后面详细叙述). 其中,使用矩阵 $\boldsymbol{B}$,数值相差很大的数据放到同一个矩阵中,数值计算的误差就会很大. 因此,采用与 4.4 节叙述的计算基础矩阵类似的方法,首先对影像点坐标和 3 维点坐标进行规一化变换,再构造矩阵 $\boldsymbol{B}$,计算相应的投影矩阵,最后进行上述规一化变换的逆变换,求出本来的 $\boldsymbol{P}$(参考练习题).

如果 $\boldsymbol{P}$ 确定了,下面由 $\boldsymbol{P}$ 确定 $\boldsymbol{A}, \boldsymbol{R}, \boldsymbol{t}$. 将

$$\boldsymbol{A} = \begin{bmatrix} \alpha_u & -\alpha_u \cot\theta & u_0 \\ 0 & \dfrac{\alpha_v}{\sin\theta} & v_0 \\ 0 & 0 & 1 \end{bmatrix}, \quad \boldsymbol{R} = \begin{bmatrix} \boldsymbol{r}_1^{\mathrm{T}} \\ \boldsymbol{r}_2^{\mathrm{T}} \\ \boldsymbol{r}_3^{\mathrm{T}} \end{bmatrix}, \quad \boldsymbol{t} = \begin{bmatrix} t_x \\ t_y \\ t_z \end{bmatrix}$$

代入式(6.1)后,得到

$$\boldsymbol{P} = \begin{bmatrix} \alpha_u \boldsymbol{r}_1^{\mathrm{T}} - \alpha_u (\cot\theta) \boldsymbol{r}_2^{\mathrm{T}} + u_0 \boldsymbol{r}_3^{\mathrm{T}} & \alpha_u t_x - \alpha_u (\cot\theta) t_y + u_0 t_z \\ \left(\dfrac{\alpha_v}{\sin\theta}\right) \boldsymbol{r}_2^{\mathrm{T}} + v_0 \boldsymbol{r}_3^{\mathrm{T}} & \left(\dfrac{\alpha_v}{\sin\theta}\right) t_y + v_0 t_z \\ \boldsymbol{r}_3^{\mathrm{T}} & t_z \end{bmatrix} \tag{6.5}$$

首先,如果物体在相机之前,则

$$t_z = p_{34} > 0.$$

如果 $p_{34} < 0$,则 $-\boldsymbol{p}$ 也满足式(6.3),所以这时要将 $\boldsymbol{p}$ 的所有要素变为相反的符号. 然后,由式(6.5)得到

$$\boldsymbol{r}_3 = \boldsymbol{p}_3,$$

$$u_0 = \boldsymbol{p}_1^{\mathrm{T}} \boldsymbol{p}_3,$$

$$v_0 = \boldsymbol{p}_2^{\mathrm{T}} \boldsymbol{p}_3.$$

再有,对于 $\alpha_u, \alpha_v, \theta$,有

$$\alpha_u = \delta_u \sqrt{\boldsymbol{p}_1^{\mathrm{T}}\boldsymbol{p}_1 - u_0^2}\sin\theta = \delta_u \|\boldsymbol{p}_1 \times \boldsymbol{p}_3\| \sin\theta,$$

$$\alpha_v = \delta_v \sqrt{\boldsymbol{p}_2^{\mathrm{T}}\boldsymbol{p}_2 - v_0^2}\sin\theta = \delta_v \|\boldsymbol{p}_2 \times \boldsymbol{p}_3\| \sin\theta,$$

$$\theta = \arccos\left(-\delta_u\delta_v \frac{(\boldsymbol{p}_1 \times \boldsymbol{p}_3)^{\mathrm{T}}(\boldsymbol{p}_2 \times \boldsymbol{p}_3)}{\|\boldsymbol{p}_1 \times \boldsymbol{p}_3\| \ \|\boldsymbol{p}_2 \times \boldsymbol{p}_3\|}\right).$$

这里,如果把 θ 限制到 $0 \sim \pi$ 的范围内,则 $\sin\theta$ 恒为正. 由于 α_u, α_v 也为正,有 $\delta_u = \delta_v = 1$ 成立. 最后,剩余的参数由下式确定:

$$\boldsymbol{r}_2 = \frac{\sin\theta}{\alpha_v}(\boldsymbol{p}_2 - v_0\boldsymbol{p}_3),$$

$$\boldsymbol{r}_1 = \frac{1}{\alpha_u}(\boldsymbol{p}_1 + (\boldsymbol{p}_2 - v_0\boldsymbol{p}_3)\frac{\alpha_u}{\alpha_v}\cos\theta - u_0\boldsymbol{p}_3),$$

$$t_y = \frac{\sin\theta}{\alpha_v}(p_{24} - v_0 p_{34}),$$

$$t_x = \frac{1}{\alpha_u}\left(p_{14} + (p_{24} - v_0 p_{34})\frac{\alpha_u}{\alpha_v}\cos\theta - u_0 p_{34}\right).$$

到目前为止,都是假设内部参数是5个. 但是实际上,由于现在的相机都能满足 $\theta = \frac{\pi}{2}, \alpha_u = \alpha_v$,因此使用3个内部参数的解法更好. 这时,对于式(6.3)的求解,必须加入与内部参数有关的约束条件,一般不存在线性解法.

因此,定义评价函数

$$C = \sum_{i=1}^{n} \left\| \frac{\boldsymbol{p}_1^{\mathrm{T}}\boldsymbol{M}_i + p_{14}}{\boldsymbol{p}_3^{\mathrm{T}}\boldsymbol{M}_i + p_{34}} - u_i \right\|^2 + \sum_{i=1}^{n} \left\| \frac{\boldsymbol{p}_2^{\mathrm{T}}\boldsymbol{M}_i + p_{24}}{\boldsymbol{p}_3^{\mathrm{T}}\boldsymbol{M}_i + p_{34}} - v_i \right\|^2, \quad (6.6)$$

通过它的最小化可以求出3个内部参数和6个外部参数(3个平移和3个旋转). 由于该函数最小化的线性解法不存在,需要迭代求解. 可以使用最速下降法和 Marquart 法(参考附录 F). 由于迭代法必须有合适的初始值,可以通过前面介绍的方法求解式(6.3),将得到的解作为初始值再进行式(6.6)的最小化.

6.2 基于平面图案的相机标定

与形状已知的3维物体相比,比较容易准备的是平面图案,比如建筑物上有规则的窗户，用打印机输出的具有规则图案的纸，都可以用于进行相机标定[69]. 下面说明它的原理.

影像上的点 $\boldsymbol{m}=[u,v]^{\mathrm{T}}$ 与 3 维点 $\boldsymbol{M}=[X,Y,Z]^{\mathrm{T}}$ 之间，存在下列投影关系式：

$$\tilde{\boldsymbol{m}} \cong \boldsymbol{A}[\boldsymbol{R} \quad \boldsymbol{t}]\tilde{\boldsymbol{M}}.$$

这里，$\boldsymbol{R}$ 和 $\boldsymbol{t}$ 分别为相机坐标系到 3 维空间坐标系的旋转矩阵和平移向量，

$$\boldsymbol{A}=\begin{vmatrix} \alpha_u & b & u_0 \\ 0 & \alpha_v & v_0 \\ 0 & 0 & 1 \end{vmatrix}$$

为相机的内部矩阵.

在 3 维空间坐标系中，设置 3 维平面 $Z=0$，上述的公式变为

$$\tilde{\boldsymbol{m}} \cong \boldsymbol{A}[\boldsymbol{R} \quad \boldsymbol{t}][X,Y,0,1]^{\mathrm{T}} = \boldsymbol{A}[\boldsymbol{r}_1 \quad \boldsymbol{r}_2 \quad \boldsymbol{t}][X,Y,1]^{\mathrm{T}} \tag{6.7}$$

这里，$\boldsymbol{r}_i(i=1,2,3)$ 为旋转矩阵 $\boldsymbol{R}$ 的第 i 个列向量. 定义投影变换矩阵为

$$\boldsymbol{H} \cong \boldsymbol{A}[\boldsymbol{r}_1 \quad \boldsymbol{r}_2 \quad \boldsymbol{t}].$$

式(6.7)变为

$$[u,v,1]^{\mathrm{T}} \cong H[X,Y,1]^{\mathrm{T}}. \tag{6.8}$$

它表示平面坐标到平面坐标的变换.

如果 3 维平面与影像间存在 4 组以上的对应点，就可以用与上一节叙述的求解投影矩阵 $\boldsymbol{P}$ 的方法求解变换矩阵 $\boldsymbol{H}$(参考练习题). 将 $\boldsymbol{H}$ 写为

$$\boldsymbol{H}=[\boldsymbol{h}_1,\boldsymbol{h}_2,\boldsymbol{h}_3],$$

可得到

$$[\boldsymbol{h}_1,\boldsymbol{h}_2,\boldsymbol{h}_3] \cong \boldsymbol{A}[\boldsymbol{r}_1 \quad \boldsymbol{r}_2 \quad \boldsymbol{t}]. \tag{6.9}$$

由于 $\boldsymbol{r}_1$ 和 $\boldsymbol{r}_2$ 为正交的单位向量，有

$$\boldsymbol{h}_1^{\mathrm{T}}\boldsymbol{A}^{-\mathrm{T}}\boldsymbol{A}^{-1}\boldsymbol{h}_2 = 0, \tag{6.10}$$

$$\boldsymbol{h}_1^{\mathrm{T}}\boldsymbol{A}^{-\mathrm{T}}\boldsymbol{A}^{-1}\boldsymbol{h}_1 = \boldsymbol{h}_2^{\mathrm{T}}\boldsymbol{A}^{-\mathrm{T}}\boldsymbol{A}^{-1}\boldsymbol{h}_2. \tag{6.11}$$

1 张影像可以提供 2 个与相机内部参数有关的约束条件方程式，要

求解5个相机内部参数，就需要至少3张影像。

定义矩阵 $\boldsymbol{B}=\boldsymbol{A}^{-\mathrm{T}}\boldsymbol{A}^{-1}$，同时定义其他各元素组成的向量为 $\boldsymbol{b}=[B_{11},B_{12},B_{22},B_{13},B_{23},B_{33}]^{\mathrm{T}}$，则 $\boldsymbol{h}_i^{\mathrm{T}}\boldsymbol{B}\boldsymbol{h}_j$ 可以表示为

$$\boldsymbol{h}_i^{\mathrm{T}}\boldsymbol{B}\boldsymbol{h}_j=\boldsymbol{v}_{ij}^{\mathrm{T}}\boldsymbol{b}.$$

这里

$$\boldsymbol{h}_i=[h_{i1},h_{i2},h_{i3}]^{\mathrm{T}},$$

$$\boldsymbol{v}_{ij}=[h_{i1}h_{j1},h_{i1}h_{j2}+h_{i2}h_{j1},h_{i2}h_{j2},h_{i1}h_{j3}+h_{i3}h_{j1},h_{i2}h_{j3}+h_{i3}h_{j2},h_{i3}h_{j3}]^{\mathrm{T}}.$$

这样，式(6.10)与式(6.11)就可以表示为

$$\begin{bmatrix}\boldsymbol{v}_{12}^{\mathrm{T}}\\(\boldsymbol{v}_{11}-\boldsymbol{v}_{22})^{\mathrm{T}}\end{bmatrix}\boldsymbol{b}=\boldsymbol{0}.$$

如果有 n 张影像，代入上式并联立起来，就得到

$$\boldsymbol{V}\boldsymbol{b}=\boldsymbol{0}.$$

$\boldsymbol{b}$ 可以作为 $\boldsymbol{V}^{\mathrm{T}}\boldsymbol{V}$ 的最小特征值对应的特征向量求解．求出 $\boldsymbol{B}$ 之后，根据 $\boldsymbol{B}=\lambda\boldsymbol{A}^{-\mathrm{T}}\boldsymbol{A}^{-1}$，可以用下式计算相机的内部参数：

$$v_0=\frac{B_{12}B_{13}-B_{11}B_{23}}{B_{11}B_{22}-B_{12}^2},$$

$$\lambda=1-\frac{B_{13}^2+v_0(B_{12}B_{13}-B_{11}B_{23})}{B_{11}},$$

$$\alpha_u=\sqrt{\frac{\lambda}{B_{11}}},$$

$$\alpha_v=\sqrt{\frac{\lambda B_{11}}{B_{11}B_{22}-B_{12}^2}},$$

$$b=-\frac{B_{12}\alpha_u^2\alpha_v}{\lambda},$$

$$u_0=\frac{bv_0}{\alpha_u}-\frac{B_{13}\alpha_u^2}{\lambda}.$$

然后，可以由式(6.9)求出 $\boldsymbol{r}_1,\boldsymbol{r}_2(\boldsymbol{r}_3=\boldsymbol{r}_1\times\boldsymbol{r}_2)$ 与 $\boldsymbol{t}$.

6.3 基于 Kruppa 方程的相机自标定

消去式(4.5)中的 $\boldsymbol{R}$ 和 $\boldsymbol{t}$，就可以推导出只与相机内部矩阵 $\boldsymbol{A}$ 有

关的 Kruppa 方程[41,43]．这里，没有用到射影几何学的概念，只用线性代数的知识来推导 Kruppa 方程，下面介绍求解的算法[64]．由式(4.5)与式(4.7)，可得

$$(A')^{-T}R^{T}[t]_{\times}^{T}A^{-1}e = 0, \tag{6.12}$$

还可以得到

$$t \cong A^{-1}e. \tag{6.13}$$

式(6.13)意味着平移向量 t 与 $A^{-1}e$ 方向相同．将式(6.13)代入式(4.5)，得到

$$FA' \cong A^{-T}[A^{-1}e]_{\times}R. \tag{6.14}$$

一般对于正则矩阵 M 与任意的3维向量 v 有

$$[M^{-1}v]_{\times} = \det(M)M^{-T}[v]_{\times}M^{-1}, \tag{6.15}$$

因此，下式成立：

$$[A^{-1}e]_{\times} = \frac{1}{\alpha_u\alpha_v}A^{T}[e]_{\times}A. \tag{6.16}$$

将式(6.16)代入式(6.14)，得

$$FA' \cong [e]_{\times}AR. \tag{6.17}$$

消去式(6.17)中未知的旋转矩阵 R，变为

$$FC'F^{T} \cong [e]_{\times}C[e]_{\times}^{T}. \tag{6.18}$$

其中，$C = AA^{T}$，$C' = A'A'^{T}$．式(6.18)即为所谓的 Kruppa 方程．

设式(6.18)左边和右边的矩阵的第 i 行第 j 列的元素分别为 K_{ij}，K'_{ij}，则有

$$K'_{ij} = sK_{ij}, \quad i,j = 1,2,3. \tag{6.19}$$

其中，s 为未知的比例系数．$FC'F^{T}$ 和 $[e]_{\times}C[e]_{\times}^{T}$ 都是对称矩阵，而且只有下式表示的约束

$$FC'F^{T}e = s[e]_{\times}C[e]_{\times}^{T}e = 0. \tag{6.20}$$

$K'_{ij} = sK_{ij}$ 中只有3个独立的方程式．消去 s，与 C 相关的约束只有2个．因此，对于只有2个内部参数未知的情况，可以用2张影像求解，3个以上内部参数未知时，少于2张影像则无法求解．5个内部参数未知时，至少需要使用同一个相机拍摄3张照片．

对于式(6.19)，由于只有3个独立的方程式，就存在选择哪3

个方程式比较好的问题．由 $\boldsymbol{e}=[e_1,e_2,e_3]^{\mathrm{T}}(\|\boldsymbol{e}\|=1)$ 和式(6.20)，可以得出

$$K_{i1}e_1+K_{i2}e_2+K_{i3}e_3=s(K'_{i1}e_1+K'_{i2}e_2+K'_{i3}e_3).$$

如果选择 $K_{11}-sK'_{11}=0$ 和 $K_{12}-sK'_{12}=0$，由式(6.3)则可以自动地得到 $e_3(K_{13}-sK'_{13})=0$. 如果 $e_3>>0$，则 $K_{13}-sK'_{13}$ 必然接近于0. 但是，当 e_3 接近于0，存在 $K_{13}-sK'_{13}$ 偏离0的可能性．因此，选择 e_1,e_2,e_3 中比较小的来计算 K_{ij},K'_{ij}，精度要好．表6.1列出了各种情况下的选择方法.

表6.1　　三个独立方程式的选择方法

$e_1<e_2<e_3$ $e_2<e_1<e_3$	$K'_{11}-sK_{11}=0$ $K'_{12}-sK_{12}=0$ $K'_{22}-sK_{22}=0$
$e_1<e_3<e_2$ $e_3<e_1<e_2$	$K'_{11}-sK_{11}=0$ $K'_{13}-sK_{13}=0$ $K'_{33}-sK_{33}=0$
$e_2<e_3<e_1$ $e_3<e_2<e_1$	$K'_{22}-sK_{22}=0$ $K'_{23}-sK_{23}=0$ $K'_{33}-sK_{33}=0$

利用3张影像可以求出3个基础矩阵．由于 $\boldsymbol{C}=\boldsymbol{C}'$ 为对称矩阵，因此只包含6个参数．定义 $\boldsymbol{c}=[C_{11},C_{12},C_{13},C_{22},C_{23},C_{33}]^{\mathrm{T}}$，其中 C_{ij} 为矩阵 $\boldsymbol{C}$ 的第 i 行第 j 列的元素，则 K_{ij},K'_{ij} 可以用 $\boldsymbol{g}^{\mathrm{T}}\boldsymbol{c}$ 和 $\boldsymbol{h}^{\mathrm{T}}\boldsymbol{c}$ 的形式表示．根据式(6.19)，定义下面的能量函数：

$$E_A=\sum_{k=1}^{3}\sum_{l=1}^{3}(\boldsymbol{c}^{\mathrm{T}}(\boldsymbol{g}_{lk}-s_k\boldsymbol{h}_{lk}))^2. \tag{6.21}$$

其中，l 表示选择的3个 K_{ij} 的顺序，k 表示3个基础矩阵的顺序．

将 E_A 对 s_k 求导,令其导数为 0,则可以求出 s_k 为:

$$s_k = \frac{\boldsymbol{c}^{\mathrm{T}}\boldsymbol{M}_k\boldsymbol{c}}{2\boldsymbol{c}^{\mathrm{T}}\boldsymbol{N}_k\boldsymbol{c}}. \tag{6.22}$$

其中, $\boldsymbol{M}_k = \sum_{j=1}^{3}(\boldsymbol{g}_{lk}\boldsymbol{h}_{lk}^{\mathrm{T}} + \boldsymbol{h}_{lk}\boldsymbol{g}_{lk}^{\mathrm{T}})$ 和 $\boldsymbol{N}_k = \sum_{j=1}^{3}\boldsymbol{h}_{lk}\boldsymbol{h}_{lk}^{\mathrm{T}}$.

将 s_k 代回式(6.21),得到

$$E_A = \sum_{k=1}^{3}\left(\boldsymbol{c}^{\mathrm{T}}\boldsymbol{L}_k\boldsymbol{c} - \frac{(\boldsymbol{c}^{\mathrm{T}}\boldsymbol{M}_k\boldsymbol{c})^2}{4\boldsymbol{c}^{\mathrm{T}}\boldsymbol{N}_k\boldsymbol{c}}\right). \tag{6.23}$$

这里, $\boldsymbol{L}_k = \sum_{j=1}^{3}\boldsymbol{g}_{lk}\boldsymbol{g}_{lk}^{\mathrm{T}}$. 为了解该式,可以利用最速下降法. 初始值定为 $\boldsymbol{c}_0$,利用下面的式子进行迭代更新:

$$\gamma_{kt} = \frac{\boldsymbol{c}_t^{\mathrm{T}}\boldsymbol{M}_k\boldsymbol{c}_t}{\boldsymbol{c}_t^{\mathrm{T}}\boldsymbol{N}_k\boldsymbol{c}_t} \quad t = 0,1,2,\cdots.$$

$$\boldsymbol{c}_{t+1} = \boldsymbol{c}_t - \lambda\sum_{k=1}^{3}\left(2\boldsymbol{L}_k - \gamma_{kt}\boldsymbol{M}_k + \frac{\gamma_{kt}^2}{2}\boldsymbol{N}_k\right)\boldsymbol{c}_t, \quad t = 0,1,2,\cdots. \tag{6.24}$$

$\boldsymbol{c}_0$ 可以由

$$\boldsymbol{A} = \begin{bmatrix} \frac{w+h}{2} & 0 & \frac{w}{2} \\ 0 & \frac{w+h}{2} & \frac{h}{2} \\ 0 & 0 & 1 \end{bmatrix}$$

确定. w,h 分别为影像横向和纵向的像素数.

6.4 练习题

1. 为了求式(6.1)中的投影矩阵 $\boldsymbol{P}$,将影像与 3 维形状规一化,再应用式(6.3),可以得到更好的结果. 叙述该过程.
2. 通过 4 组以上的对应点,求式(6.8)中的投影变换矩阵 $\boldsymbol{H}$.

3. 假设只有两个相机的焦距未知（内部矩阵写为 $A=\begin{bmatrix}1&0&0\\0&1&0\\0&0&a\end{bmatrix}$,

$A'=\begin{bmatrix}1&0&0\\0&1&0\\0&0&a'\end{bmatrix}$, $a=\frac{1}{f}$, $a'=\frac{1}{f'}$），用 Kruppa 方程，通过基础矩阵求这两个焦距分别是多少.

第 7 章　基于中心投影影像的 3 维重建

本章的前半部分介绍由本质矩阵恢复运动和形状的线性算法，后半部分叙述影像上的特征点与计算出的 3 维点在影像上的投影之间的 Euclidean 距离的平方和的非线性最小化问题．

7.1　基于本质矩阵的运动与形状恢复的线性算法

如果内部矩阵 $\boldsymbol{A}$ 和基础矩阵 $\boldsymbol{F}$ 已知，通过式(4.6)可以求得本质矩阵 $\boldsymbol{E}$. 本质矩阵 $\boldsymbol{E}$ 与平移向量 $\boldsymbol{t}$ 之间的关系为

$$\boldsymbol{E}^{\mathrm{T}}\boldsymbol{t} = \boldsymbol{0}. \tag{7.1}$$

将 $\boldsymbol{E}\boldsymbol{E}^{\mathrm{T}}$ 的最小特征值对应的特征向量作为 $\boldsymbol{t}$ 的方向，可以求出该方向上的单位向量 $\bar{\boldsymbol{t}}$. $\bar{\boldsymbol{t}}$ 的比例与 $\boldsymbol{E}$ 与 $\bar{\boldsymbol{E}}$ 之间的比例一致(参考练习题)，其中

$$\bar{\boldsymbol{E}} = [\bar{\boldsymbol{t}}]_{\times}\boldsymbol{R}. \tag{7.2}$$

根据上式可以求出旋转矩阵 $\boldsymbol{R}$. 需要注意的是，$\bar{\boldsymbol{t}}$ 有两个解．如果解得 $\bar{\boldsymbol{t}}$，则 $-\bar{\boldsymbol{t}}$ 也满足式(7.2)．对应两个 $\bar{\boldsymbol{t}}$，$\boldsymbol{R}$ 也有两个解．选择哪个解，是后面的 3 维复元中必须面对的问题．选择能使得恢复的 3 维形状在两个相机之前的 $\boldsymbol{R}$ 和 $\boldsymbol{t}$ 比较好．

由式(7.2)可以得

$$\boldsymbol{R}\bar{\boldsymbol{E}}^{\mathrm{T}} = [\bar{\boldsymbol{t}}]_{\times}^{\mathrm{T}}. \tag{7.3}$$

经过变换，式(7.3)可以变为

$$R[e_1 \quad e_2 \quad e_3] = [q_1 \quad q_2 \quad q_3]. \tag{7.4}$$

这里，e_i 和 q_i 分别为 $\bar{E}$ 和 $[\bar{t}]_\times$ 的列向量．式(7.4)表示对 e_i 进行旋转 R，就得到 q_i，这就意味着是一个由 e_i 和 q_i 求 R 的问题[22,40]．对于该问题，有使用奇异值分解的线性解法和使用4元数的线性解法(参照3.6节)，无论使用哪种解法都可以．

如果上面的方法能够恢复运动，那么也就可以恢复形状．图7.1为它的概念图．$\tilde{x}$ 和 $\tilde{x}'$ 分别为两张影像中对应点的规一化影像坐标的扩展向量．s,s' 分别表示这向量 $\tilde{x}$ 和 $\tilde{x}'$ 的长度．如果 s,s' 为正，则点在相机的前面；如果 s,s' 为负，则点在相机的后面．根据 s,s' 为正或为负，来选择旋转矩阵和平移向量．

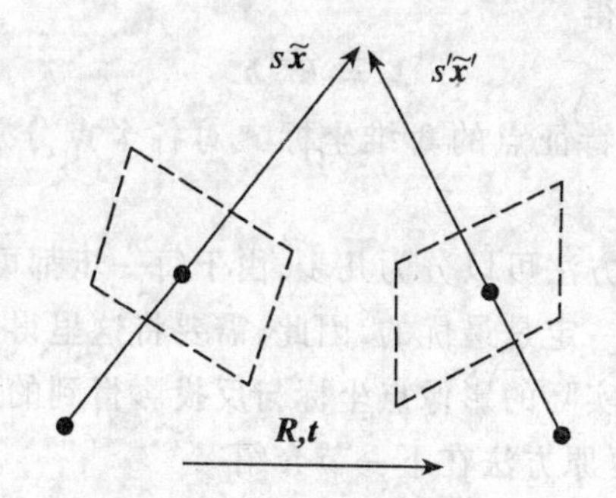

图7.1 求距离两个3维向量最近的3维点

由于两张影像上的对应点是同一个3维点的投影，因此各影像的焦点与特征点的连线相交于该3维点．但是，由于噪声的影响，两条直线严格地相交于一点的情况几乎不存在．因此，需要求到两条直线的欧几里得距离的平方和最小的3维空间点．以第一张影像的3维坐标系作为3维空间坐标系，设特征点的3维空间坐标为 X，可以定义下面的评价函数：

$$C = \| X - s\tilde{x} \|^2 + \| X - s'R\tilde{x}' - t \|^2. \tag{7.5}$$

将 C 分别对 s,s' 求导，并令导数为0，得

$$s = \frac{\tilde{\boldsymbol{x}}^{\mathrm{T}} \boldsymbol{X}}{\tilde{\boldsymbol{x}}^{\mathrm{T}} \tilde{\boldsymbol{x}}}, \tag{7.6}$$

$$s' = \frac{\tilde{\boldsymbol{x}}'^{\mathrm{T}} \boldsymbol{R}^{\mathrm{T}} (\boldsymbol{X} - \boldsymbol{t})}{\tilde{\boldsymbol{x}}'^{\mathrm{T}} \tilde{\boldsymbol{x}}'}. \tag{7.7}$$

将式(7.6)和式(7.7)代入式(7.5),得

$$\boldsymbol{B}\boldsymbol{X} = \boldsymbol{b}. \tag{7.8}$$

其中,

$$\boldsymbol{B} = 2\boldsymbol{I} - \frac{\tilde{\boldsymbol{x}} \tilde{\boldsymbol{x}}^{\mathrm{T}}}{\tilde{\boldsymbol{x}}^{\mathrm{T}} \tilde{\boldsymbol{x}}} - \frac{\boldsymbol{R} \tilde{\boldsymbol{x}}' \tilde{\boldsymbol{x}}'^{\mathrm{T}} \boldsymbol{R}^{\mathrm{T}}}{\tilde{\boldsymbol{x}}'^{\mathrm{T}} \tilde{\boldsymbol{x}}'}$$

$$\boldsymbol{b} = \left(\boldsymbol{I} - \frac{\boldsymbol{R} \tilde{\boldsymbol{x}}' \tilde{\boldsymbol{x}}'^{\mathrm{T}} \boldsymbol{R}^{\mathrm{T}}}{\tilde{\boldsymbol{x}}'^{\mathrm{T}} \tilde{\boldsymbol{x}}'} \right) \boldsymbol{t}$$

由式(7.8),得

$$\boldsymbol{X} = \boldsymbol{B}^{-1} \boldsymbol{b}. \tag{7.9}$$

至此可以计算出特征点的3维坐标.对各个点分别进行该计算过程.

上面介绍的方法可以分为几步,由于每一步都可能引入了误差,最终的结果就不一定是最优的,因此,需要将这里得到的值作为初始值,进行微调,使实际的影像点坐标与反投影得到的影像点坐标的差最小,该最优的复原方法在下一节介绍.

7.2 运动与形状的最优化计算

如果确定的3维形状和3维运动正确,影像中的特征点与3维空间点在影像上的投影必然一致.但是,实际中由于存在噪声,不会完全一致.

因此,使得两者间的距离最小,就可以确定3维形状和运动[54,55].这也就是形状和运动的最优确定(optimal estimation).这里的叙述只限于两张影像(3张以上影像的情况参见第8章).为了简便起见,这里假设光轴点为影像中心,像素为正方形.如果焦点距离在相机标定时获得,这里就直接使用,如果焦距未知,也可以在该最

优化方法中确定.

影像 1 与影像 2 的光轴点分别记为(u_0^1, v_0^1)和(u_0^2, v_0^2),影像 1 与影像 2 的焦点距离分别记为f^1和f^2. 影像 1 中第 i 个点的坐标记为(u_i^1, v_i^1),影像 2 中第 i 个点的坐标为(u_i^2, v_i^2),世界坐标系中第 i 个点的 3 维坐标为$\boldsymbol{X}_i = [X_i, Y_i, Z_i]^{\mathrm{T}}$,另外,从世界坐标系到影像 1 的坐标系的旋转矩阵和平移向量为$\boldsymbol{R}^1$ 和 $\boldsymbol{t}^1$,从世界坐标系到影像 2 的坐标系的旋转矩阵和平移向量为$\boldsymbol{R}^2$ 和 $\boldsymbol{t}^2$,则影像上的特征点与反投影点的欧几里得距离的平方和可由下式表示:

$$C = \sum_{i=1}^{n} \sum_{j=1}^{2} \left\{ \left(u_i^j - u_0^j - f^j \frac{\boldsymbol{r}_1^{j\mathrm{T}} \boldsymbol{X}_i + \boldsymbol{t}_X^j}{\boldsymbol{r}_3^{j\mathrm{T}} \boldsymbol{X}_i + \boldsymbol{t}_Z^j} \right)^2 + \left(v_i^j - v_0^j - f^j \frac{\boldsymbol{r}_2^{j\mathrm{T}} \boldsymbol{X}_i + \boldsymbol{t}_X^j}{\boldsymbol{r}_3^{j\mathrm{T}} \boldsymbol{X}_i + \boldsymbol{t}_Z^j} \right)^2 \right\}. \tag{7.10}$$

其中,$\boldsymbol{r}_k^j, k = 1,2,3$,为第 j 个旋转矩阵的第 k 行的行向量.

有几点需要说明. 首先,由于世界坐标系不存在,将其放置在什么地方可由用户任意指定. 大多数情况下是选择与某张(比如第 1 张)影像的相机坐标系一致. 如果这样,旋转矩阵与平移向量只剩下一组,即两张影像间的旋转与平移. 然后,根据前面的叙述可知,3 维空间的比例任意. 比如,如果平移向量的长度固定,则 3 维空间的比例就固定了. 当然,必要的时候,恢复后的 3 维空间的比例还可以改变.

由于式(7.10)中定义的评价函数是非线性的,不存在线性解法,必须使用非线性最小化的算法. 最适合解决该问题的算法是 Marquart-Levenberg 法(参照附录 F). 无论是最速下降法、牛顿法,还是 Marquart-Levenberg 法,对各未知参数的一次微分都是必要的(2 次微分由 1 次微分近似计算得到). 式(7.10)中的旋转由旋转矩阵表示,旋转只有 3 个参数,而旋转矩阵有 9 个要素. 不要直接对旋转矩阵中的 9 个要素进行微分. 可以将旋转矩阵中的各个要素分别表示为 3 个独立参数的函数,最终只需要对 3 个独立参数微分即可. 表示旋转的 3 个独立参数,在第 3 章已经介绍,有几种选择,无论选择哪种都可以. 另外,如果固定平移向量的长度,独立参数就只有 2 个. 比如,

$$t = [\cos\theta\cos\rho, \cos\theta\sin\rho, \sin\theta]^{T} \tag{7.11}$$

是只用2个角度的表示方法.

对于求各参数的1次微分,感觉不太自信的时候,可以使用商用的Mathematica软件推导. 另外,也可以用微分的数值求法. 比如,参数为$\boldsymbol{p}=[p_1,\cdots,p_k,\cdots]^{T}$的函数$f(\boldsymbol{p})$在$\boldsymbol{p}(0)$处对$p_k$的偏微分可以近似为

$$\frac{\partial f(\boldsymbol{p}(0))}{\partial p_k} \approx \frac{f(p_1(0),\cdots p_{k-1}(0),p_k(0)+h,p_{k+1}(0),\cdots)-f(\boldsymbol{p}(0))}{h}. \tag{7.12}$$

其中,h为非常小的实数. 对于使用多么小的实数,与具体的问题有关,如果是与3维恢复有关的问题,比如取10^{-8}就可以得到比较好的近似结果.

非线性函数的最小化必须有初始值. 可以使用7.1节中介绍的线性解法得到的形状与运动的值作为初始值. 需要注意的是,旋转与平移向量的坐标系是如何定义的. 如7.1节中使用公式

$$\boldsymbol{X}^{1}=\boldsymbol{R}\boldsymbol{X}^{2}+\boldsymbol{t}.$$

式(7.10)中使用的公式是

$$\boldsymbol{X}^{2}=\boldsymbol{R}^{2}\boldsymbol{X}^{1}+\boldsymbol{t}^{2}.$$

其中,$\boldsymbol{X}^1$和$\boldsymbol{X}^2$分别表示相机1和相机2的坐标系中的3维坐标向量. 当世界坐标系为第1个相机的坐标系时,$\boldsymbol{X}^1=\boldsymbol{X}$. 需要明确的是,$\boldsymbol{R}\neq\boldsymbol{R}^2$,$\boldsymbol{t}\neq\boldsymbol{t}^2$. 它们之间需要一定的变换. 通过简单的推导,可以得到下面的变换式:

$$\boldsymbol{R}^{2}=\boldsymbol{R}^{T},\quad \boldsymbol{t}^{2}=-\boldsymbol{R}^{T}\boldsymbol{t}. \tag{7.13}$$

下面显示的是实验结果的一个例子. 图7.2显示的是从不同角度拍摄的一个显示器的两张影像. 图7.3和图7.4分别表示从不同角度看到的由两张影像恢复的3维形状,还显示了两张影像上实际的特征点的位置以及恢复的3维形状与运动在影像上的投影的位置.

图7.2　从不同角度拍摄的显示器的两张影像

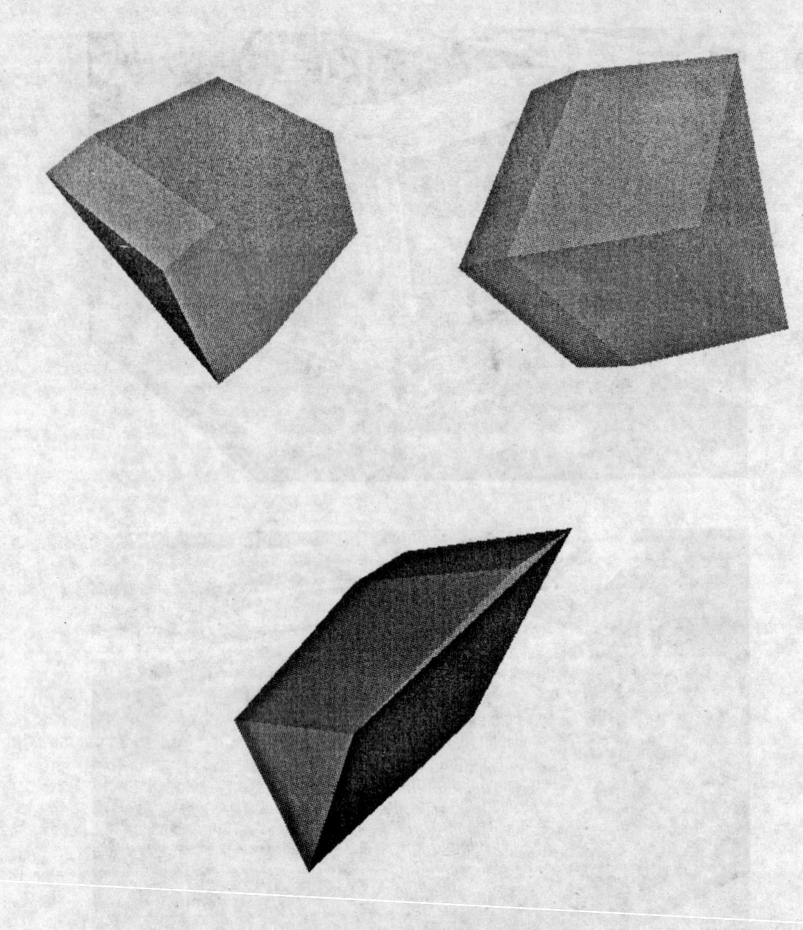

图 7.3　从不同角度看到的由两张影像恢复的 3 维形状

图7.4　两张影像上的特征点的位置(●),分别使用线性解法与非线性解法恢复的3维形状和运动在影像上的投影的位置(+)和(×). 原来的特征点与用非线性最优化方法恢复的3维形状在影像上的投影非常接近

7.3 练习题

证明式(7.2)中 $\bar{\boldsymbol{E}}$ 的模为$\sqrt{2}$.

第 8 章　基于多视数据的物体整体建模

2 张影像必然只能恢复 3 维物体的一部分,要建立物体整体的 3 维模型,必然需要综合应用多视点的数据(见图 8.1). 本章首先考虑在相邻两个视点得到的 3 维形状间的综合,然后说明多个视点得到的 3 维形状间的综合,最后介绍同时使用所有的影像直接确定物体整体 3 维模型的方法.

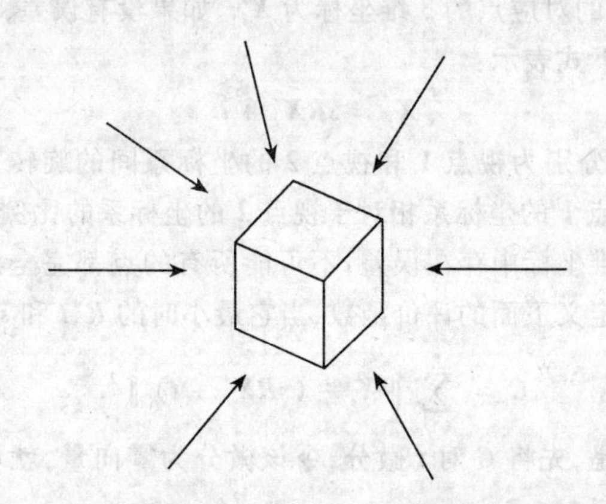

图 8.1　建立物体整体的 3 维模型必然需要多视点的影像数据

8.1　2 视点 3 维数据的综合

影像反映物体的外形,背向相机的部分无法拍到. 另外,利用 2 张影像进行 3 维复原,只能恢复这 2 张影像中共同的部分. 因此,由各个影像复原的3维形状数据，只是整体3维形状的一部分，将其综合起来，就构成整个的全方位的模型．

首先考虑如何综合2个视点的3维数据．如果已知该2组数据间的平移和旋转，就可以将一组3维数据变换到另一组3维数据所在坐标系下．如果两组数据间的共同部分完全相同，将不相同的部分补充到相同的部分中，就得到更大范围的3维数据．

这里有几个问题．第一个问题是，两组数据间的平移与旋转不一定知道．第二个问题是，现实中两组数据间的共同部分不一定完全一致，必须确定一个综合的规则．第三个问题是，两个视点的坐标系间的比例也不一定一致．

这里，首先介绍对应关系已知的情况下，求解2个视点下的3维数据间的平移和旋转的方法．设视点1中第i个点的3维坐标为$\boldsymbol{X}_i$，视点2中的对应点的3维坐标为$\boldsymbol{X}'_i$．如果没有误差，两者之间的变换可以由下式表示：

$$\boldsymbol{X}_i = s\boldsymbol{R}\boldsymbol{X}'_i + \boldsymbol{t}. \tag{8.1}$$

这里，$\boldsymbol{R}$和$\boldsymbol{t}$分别为视点1和视点2的坐标系间的旋转矩阵和平移向量，s为视点1的坐标系相对于视点2的坐标系的比例.

由于3维坐标中存在误差，不可能所有的点都完全满足上面的公式，因此，定义下面的评价函数，当它最小时的$\boldsymbol{R}$，$\boldsymbol{t}$和s可以求出.

$$C = \sum_{i=1}^{n} \| \boldsymbol{X}_i - (s\boldsymbol{R}\boldsymbol{X}'_i + \boldsymbol{t}) \|^2. \tag{8.2}$$

求解的顺序是，先将C对$\boldsymbol{t}$微分，令该微分为零向量，就可以解出$\boldsymbol{t}$.首先有

$$\frac{\mathrm{d}C}{\mathrm{d}\boldsymbol{t}} = -2\sum_{i=1}^{n} (\boldsymbol{X}_i - (s\boldsymbol{R}\boldsymbol{X}'_i + \boldsymbol{t})) = 0,$$

然后，可以得到

$$\boldsymbol{t} = \frac{1}{n}\sum_{i=1}^{n} \boldsymbol{X}_i - s\boldsymbol{R}\frac{1}{n}\sum_{i=1}^{n} \boldsymbol{X}'_i. \tag{8.3}$$

将式(8.3)代入式(8.2)，评价函数变为

$$C=\sum_{i=1}^{n}\|(X_i-\overline{X})-sR(X_i'-\overline{X}')\|^2$$

$$=\sum_{i=1}^{n}\|(X_i-\overline{X})\|^2+s^2\sum_{i=1}^{n}\|(X_i'-\overline{X}')\|^2$$

$$-2s\sum_{i=1}^{n}(X_i'-\overline{X}')^{\mathrm{T}}R(X_i'-\overline{X}'). \tag{8.4}$$

这里，$\overline{X}=\frac{1}{n}\sum_{i=1}^{n}X_i$，$\overline{X}'=\frac{1}{n}\sum_{i=1}^{n}X_i'$ 分别为视点坐标系中对应点的集合的重心．

C 的最小化，即意味着 $C'=\sum_{i=1}^{n}(X_i-\overline{X})^{\mathrm{T}}R(X_i'-\overline{X}')$ 的最大化．与 3.6 节叙述的问题相同，与求解 R 的解法相同．采用奇异值分解的方法，最大的 C'为：

$$C'=\sigma_1+\sigma_2+\det(UV^{\mathrm{T}})\sigma_3. \tag{8.5}$$

这里，U 和 V 分别为 $\sum_{i=1}^{n}(X_i-\overline{X})(X_i'-\overline{X}')^{\mathrm{T}}$ 的左正交矩阵和右正交矩阵，$\sigma_1>\sigma_2>\sigma_3$ 为它的 3 个奇异值．

最后，由$\frac{\mathrm{d}C}{\mathrm{d}s}=0$，可以求出 s. 首先有

$$\frac{\mathrm{d}C}{\mathrm{d}s}=2\left(s\sum_{i=1}^{n}\|(X_i'-\overline{X}')\|^2-C'\right)=0.$$

s 则可以通过下式求出：

$$s=\frac{C'}{\sum_{i=1}^{n}\|(X_i'-\overline{X}')\|^2}. \tag{8.6}$$

这时，两坐标系间的旋转、平移与比例都已确定，X_i 和 $sRX_i'+t$ 未必完全一致．将二者的平均作为综合后各点的 3 维坐标更好．

上述的计算方法只对对应点有效，不能应用于非对应点数据．

8.2 多视点 3 维数据的综合

上一节介绍了两个视点间数据的综合．如果给定对应关系，就可以计算出它们之间最优的旋转、平移和缩放比例．该方法不适用于多视点间的综合，因此定义下面的评价函数，当它最小时，可以求出最优的 3 维形状和视点间的运动．

$$C = \sum_{j=1}^{m} \sum_{i=1}^{n} M(i,j) \| \boldsymbol{X}_i^j - s^j \boldsymbol{R}^j \boldsymbol{X}_i - \boldsymbol{t}^j \|^2 \qquad (8.7)$$

这里，$\boldsymbol{X}_i$ 为世界坐标系中第 i 个点 3 维坐标，$\boldsymbol{X}_i^j$ 为第 i 个点在第 j 个视点坐标系中的 3 维坐标，$\boldsymbol{R}^j, \boldsymbol{t}^j, s^j$ 分别为第 j 个视点坐标系相对于世界坐标系的旋转矩阵、平移向量和缩放比例．$M(i,j)$ 为对应矩阵，如果第 i 个点为第 j 个视点坐标系中的数据，则 $M(i,j)=1$，否则 $M(i,j)=0$. 因此，可以表示在哪些影像上可以观测到哪些点，所有的观测数据可以输入到一个评价函数中．

由于对应矩阵的存在，故评价函数变为非线性的，对于其最小化，必须采用非线性函数最小化的算法．与 3 维复原（参考 7.2 节）同样，使用 Marquart 算法．这里，由于世界坐标系不存在，必须由用户指定，经常是将第一个视点的坐标系作为世界坐标系．

另外，最小化还需要有初始值，可以用上节介绍的方法求初始值，这时注意对平移向量为对应点的重心间的向量的情况，必须变换为视点坐标系间的向量．利用影像间的平移与旋转来求解，也是一种方法．

上述方法的运算结果如图 8.2 所示．

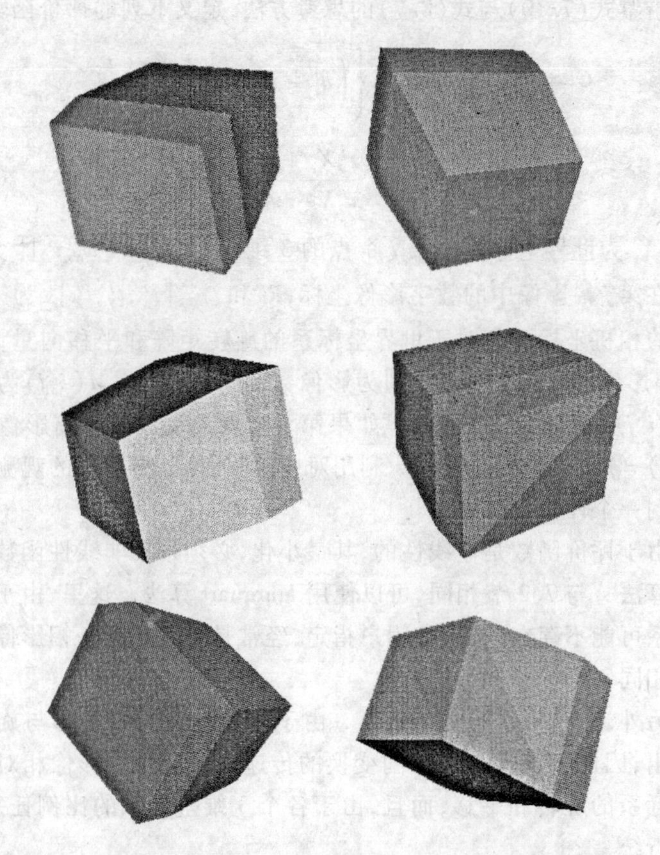

图8.2　4 个视点下的 3 维数据(上面 4 个)的综合结果(下面 2 个)

8.3　基于多视影像的 3 维整体模型的直接复原

到此为止,当存在多个视点时,都是采用两阶段的处理方法:首先对多个视点分别基于 2 张影像进行 3 维复原,然后综合多个视点的 3 维数据．本节中将介绍从多视影像直接恢复整体 3 维模型的方法．

借鉴式(7.10)与式(8.7)的思考方法,定义下列的评价函数:

$$C = \sum_{j=1}^{m} \sum_{i=1}^{n} M(i,j) \left\{ \left(u_i^j - u_0^j - f^j \frac{\boldsymbol{r}_1^j \boldsymbol{X}_i + t_X^j}{\boldsymbol{r}_3^j \boldsymbol{X}_i + t_Z^j} \right)^2 + \left(v_i^j - v_0^j - f^j \frac{\boldsymbol{r}_2^j \boldsymbol{X}_i + t_Y^j}{\boldsymbol{r}_3^j \boldsymbol{X}_i + t_Z^j} \right)^2 \right\}. \tag{8.8}$$

其中,$\boldsymbol{X}_i$ 为世界坐标系中第 i 个点的3维坐标,$\boldsymbol{m}_i^j = [u_i^j, v_i^j]^{\mathrm{T}}$ 为第 i 个点在第 j 幅影像中的数字影像坐标,$\boldsymbol{R}^j$ 和 $\boldsymbol{t}^j = [t_X^j, t_Y^j, t_Z^j]^{\mathrm{T}}$ 为第 j 幅影像的相机坐标系相对于世界坐标系的旋转矩阵和平移向量,f^j 为第 j 幅影像的焦距. m,n 分别为影像数和特征点数. $M(i,j)$ 为状态矩阵 (i,j) 位置的对应元素. 如果第 i 个点出现在第 j 幅影像上则 $M(i,j)=1$,否则 $M(i,j)=0$. 利用对应矩阵,可以将所有的观测数据代入到一个评价函数中.

由于评价函数是非线性的,其最小化,必须采用非线性函数最小化的算法. 与7.2节相同,可以使用Marquart算法. 这里,由于世界坐标系可能不存在,必须由用户指定,经常是指定与第一幅影像的坐标系相同.

另外,最小化还需要初始值. 由于相邻影像间的平移与旋转可以求出,因此可以通过影像间变换的传递来求最终的影像相对于世界坐标系的旋转和平移,而且,由于各个3维坐标系的比例任意,需要进行统一.

影像多了,一起代入Marquart算法,最小化时可能不收敛,因此,使用渐进的最小化方法. 即,利用线性解法求影像1与影像2之间的初始值,用式(8.8)进行最优化. 然后,对影像2与影像3,利用线性解法求特征点的3维坐标和相机运动的初始值,用式(8.8)对影像1、影像2、影像3进行最优化. 反复进行这种渐进的优化过程,最终达到所有影像的最优化.

下面有利用该方法求解的结果,4张原始影像如图8.3所示,由影像1、影像2、影像3恢复的3维形状见图8.4,由影像1、影像2、影像3、影像4恢复的3维形状见图8.5.

图8.3　从4个角度拍摄的显示器的影像

对于 Marquart 算法的问题，在渐进计算中，存在计算 Hessian 矩阵的逆矩阵的过程．假设有 m 张影像，n 个特征点，Hessian 矩阵的元素个数大约为$(3n+7m)^2$．它的逆矩阵的计算量与$(3n+7m)^3$成正比．但是，充分利用 Hessian 矩阵的特殊构造，可以减少计算量(参考附录 G)[26,54]．

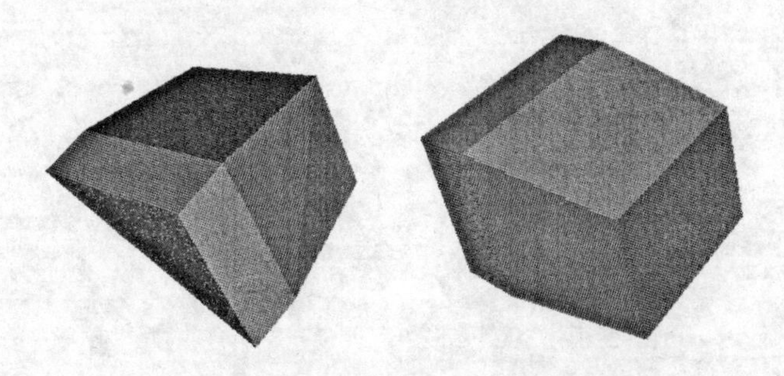

图8.4　由影像1、影像2、影像3恢复的3维形状

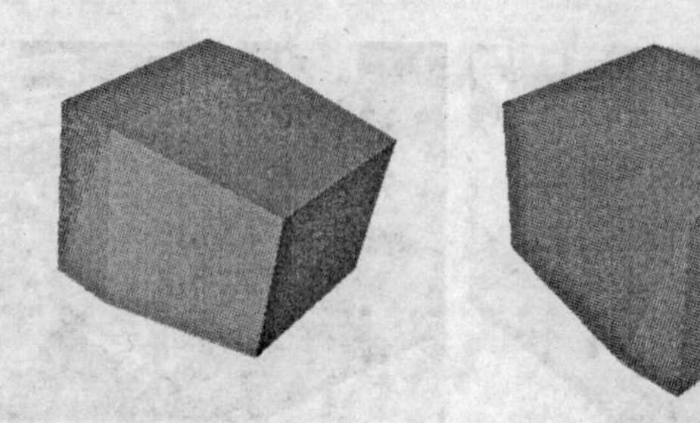

图8.5 由影像1、影像2、影像3、影像4恢复的3维形状

8.4 练习题

1. 叙述式(8.7)中,对于满足 $M(i,j)=1,\forall i,\forall j$ 条件的 $\boldsymbol{X}_i$,用线性解法计算 $\boldsymbol{R}^j,\boldsymbol{t}^j,s^j$.
2. 利用 Marquart 算法进行式(8.8)中的评价函数最小化时,用到 Hessian 矩阵,请表示 Hessian 矩阵的构造.

第9章　3维形状的三角网表示

CG(Computer Graphics)中,表示3维形状需要面的信息,而不是点的集合,因此,需要研究如何根据给定的3维点集自动构成面. 三角形被认为是最简单的面元素. 本章将介绍使用最多的Delaunay三角化方法[6,22]. 为了便于理解,首先对2维的情况进行说明,然后扩展到3维. 最后介绍针对重建的3维空间点,利用各点在影像中的可见性信息进行Delaunay三角化分割.

9.1　2维点集的Delaunay分割

给定点的集合构三角网的方法有很多. 如果比较远的点用线相连,则会使连成的三角形变得细长;如果比较近的点相连,则三角形就紧凑. 从直观上理解,为了得到精度较高的近似,应该尽量避免出现细长的三角形,因此考虑使用Delaunay分割. 另外,Delaunay分割与Voronoi图具有等价的关系. 对于以上说明,从Voronoi图开始叙述,更容易理解.

关于下面的说明请参考图9.1. 给定2维空间内的n个点$\{P_1, P_2, \cdots, P_n\}$,则存在一个区域,该区域内所有点到$P_i$的距离比到任何其他点的距离都要小,该区域称为点$P_i$的Voronoi区域(Voronoi region). n个点的Voronoi区域就把2维空间分割成许多区域. Voronoi区域间,一般用线分开,这些线称为Voronoi边(Voronoi edge). 除了退化的情况外,总是有3条Voronoi边交于一点,该点称为Voronoi点(Voronoi point). 另外,最初给定的n个点称为Voronoi区域的母点(generator).

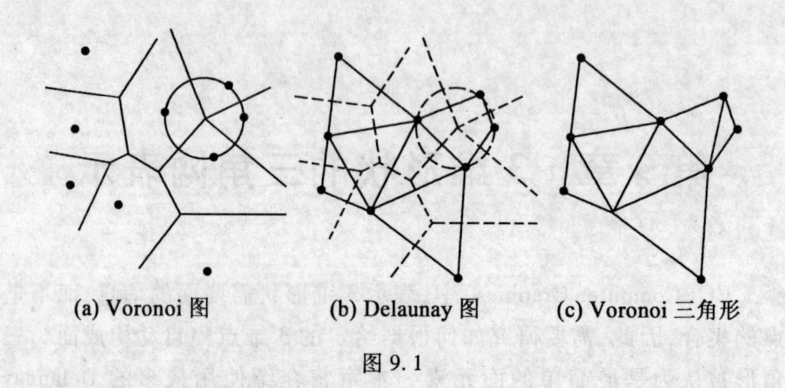

图 9.1

对于该点集,如果点 P_i 与 P_j 有共同的 Voronoi 边,则用线将点 P_i 与 P_j 连接,依此类推直到所有能连的点都连起来,就产生一个图形,这就是 Delaunay 图(Delaunay diagram),其中的线称为 Delaunay 边(Delaunay edge). 除了退化的情况之外,一般的 Delaunay 图都由三角形构成,这些三角形称为 Delaunay 三角形(Delaunay triangle).

Voronoi 图基于欧几里得距离, 将平面分割成各个点的势力圈. 因此,Voronoi 边垂直平分两侧母点之间的连线. Voronoi 点,一般连接3个 Voronoi 区域,与连接的3个区域的母点的距离相等. 即, Voronoi 点为通过这些母点的圆的圆心. 可以肯定的是,通过不在一条直线上的3个点的圆只有一个. 因此可以得知,一般来说连接每个 Voronoi 点的区域一般为3个. 如果有4个或4个以上的点在同一圆周上时,这种状态称为退化(degeneracy). 这时,存在一个 Voronoi 点与4个以上的区域相连. 这些区域的母点连接而成的 Delaunay 图不是三角形,是四边形或具有4个以上边的多边形. 以四边形为例,可以通过将对角的点连接将四边形分割成三角形. 很显然分割的方法有两种,选择任何一种分割方法都可以. 对于给定的点集,上述的分割过程称为 Delaunay 分割. 如果不考虑退化的情况,那么就只有 Delaunay 三角形分割.

通过以上的讨论可以知道,Delaunay 三角形的外接圆的内部,不应该包含其他的点(退化的情况,圆周上有4个点). 如果三角形的外接圆的内部,包含集合中其他的点,这样分割就还需要继续进行,直到任意三角形的外接圆的内部不再包含集合中其他的点为止. 根据这个规则,可以确定下面的算法:

(1)指定一个足够大的三角形,使其能够包含给定点集$\{P_1, P_2, \cdots, P_n\}$中的所有点,并产生三角形列表,这时的三角形列表中只有一个三角形.

(2)在点的集合中顺序地取点,每次只取一个点P_i,执行下面的操作,直到所有的点都被取出为止.

①检查点P_i是否在三角形列表中的各个三角形的外接圆的内部.

②三角形列表中,其外接圆包含点P_i的所有三角形,删除三角形与三角形之间公共的Delaunay边,将P_i与这些三角形的顶点用线连接,将由此得到的三角形加入到三角形列表中.

(3)从三角形列表中删除所有顶点包含A,B,C的三角形.

给定三角形的顶点,然后就可以计算出该三角形的外接圆圆心坐标及半径. 设三角形的3个顶点与圆心坐标分别为(x_1,y_1),(x_2,y_2),(x_3,y_3),(x,y),则

$$(x-x_i)^2+(y-y_i)^2=(x-x_j)^2+(y-y_j)^2, \quad i,j=1,2,3,\ i\neq j.$$

这实际上是关于x,y的一次方程式. 变形之后,得到

$$2x(x_j-x_i)+2y(y_j-y_i)=x_j^2-x_i^2+y_j^2-y_i^2, \quad i,j=1,2,3,i\neq j.$$

这时有两个独立的方程,未知数也只有两个. 利用逆矩阵,通过下式可以求出圆心坐标:

$$\begin{bmatrix} x \\ y \end{bmatrix} = \frac{1}{2}\begin{bmatrix} x_2-x_1 & y_2-y_1 \\ x_3-x_1 & y_3-y_1 \end{bmatrix}^{-1}\begin{bmatrix} x_2^2-x_1^2+y_2^2-y_1^2 \\ x_3^2-x_1^2+y_3^2-y_1^2 \end{bmatrix}.$$

然后,外接圆的半径可以由下式求出:

$$R=\sqrt{(x-x_1)^2+(y-y_1)^2}.$$

万一外接圆上包含4个点(实际中几乎不存在),将第4个点从圆周上稍微移动一下,问题就可以解决了,见图9.2.

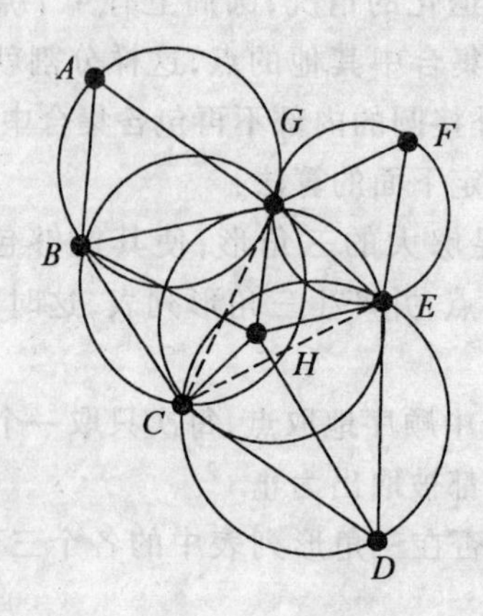

图 9.2 由于点 H 在 $\triangle BCG$, $\triangle CDE$, $\triangle CEG$ 的外接圆的内部,因此删除连接 $\triangle BCG$, $\triangle CEG$ 的 Delaunay 边 CG,以及连接 $\triangle CDE$, $\triangle CEG$ 的 Delaunay 边 CE,将点 H 与点 B,C,D,E,G 之间分别用新的 Delaunay 边连接,产生新的 Delaunay $\triangle BCH$, $\triangle CDH$, $\triangle DEH$, $\triangle EGH$, $\triangle GBH$

9.2 3维点集的 Delaunay 分割

以相同的考虑方法,将2维的情况扩展到3维,这时,2维的 Delaunay 边变为3维的面,2维的三角形变为3维的三角锥,2维的外接圆变为3维的外接球.对3维情况的叙述与前一节相同.

给定3维空间内的 n 个点 $\{P_1, P_2, \cdots, P_n\}$ 组成的点集,则存在一个区域(3维空间),该区域内所有的点到 P_i 的距离比到集合内任何其他点的距离都要近,该区域称为 Voronoi 区域(Voronoi region). n 个点的 Voronoi 区域就把3维空间分割成许多不同的区域. Voronoi 区域间的分界一般为多边形,这些多边形称为 Voronoi 面(Voronoi face).4个 Voronoi 面交于一点,该点称为 Voronoi 点.

对于该点的集合,当点 P_i 与 P_j 的 Voronoi 区域具有共同的 Voronoi 面时,则用线将点 P_i 与 P_j 连接,依此类推直到所有能连的点都连起来，就生成一个图形，这就是 Delaunay 图，其中的线称为 Delaunay 边. 除了退化的情况之外，一般的 Delaunay 图由三角锥(四面体)构成.

Voronoi 图基于欧几里得距离，将3维空间分割成各个点的势力圈. 因此，Voronoi 面垂直平分两侧的点的连线. Voronoi 点一般连接4个 Voronoi 区域，与连接的4个区域的母点的距离相等. 即 Voronoi 点为通过这些母点的球的球心. 可以肯定的是，同时通过不在一个平面上的4个点的球只有一个，因此可以理解，每个 Voronoi 点连接的区域一般为4个. 如果有5个或5个以上的点在同一球面上，这种状态称为退化. 这时，5个以上的区域与一个 Voronoi 点相连. 这些区域的母点连接而成的 Delaunay 图不是三角锥，而是包含5个面以上的多面体，退化的情况除外，只有 Delaunay 三角锥分割. 当存在包含5个面以上的多面体的时候，必须首先将其分割成四面体.

通过以上的讨论可以知道，Delaunay 三角锥外接球的内部，不应该包含其他的点(退化的情况，圆周上有5个及5个以上的点). 如果三角锥外接球的内部包含点集中其他的点，这说明分割不彻底，就还需要继续进行，直到任意三角锥外接球的内部不再包含点集中其他的点为止. 根据这个原则，可以确定下面的分割算法：

(1)给定一个足够大的三角锥(A,B,C,D)，该三角锥将所有给定点集$\{P_1,P_2,\cdots,P_n\}$内所有的点包含在内，生成三角锥列表，这时三角锥列表中只有一个三角锥.

(2)在点的集合中顺序地取点，每次只取一个点，执行下面的操作，直到所有的点都被取出为止.

①检查点 P_i 是否在三角锥列表中的各个三角锥外接球的内部.

②对于外接球包含点 P_i 的所有三角锥，删除三角锥与三角锥之间公共的 Delaunay 面，将 P_i 与这些三角锥的顶点用线连接，将由此得到的三角锥加入到三角锥列表中.

(3)从三角锥列表中删除所有顶点包含 A,B,C,D 的三角锥.

(4)删除物体内部的三角形(连接三角锥与三角锥的三角形)，

只留下表面上的三角形.

万一外接球上包含5个点(实际中几乎不存在),将第5个点从球面上稍微移动一下,问题就可以解决了.

给定4个顶点,计算过这4个顶点的外接球的球心坐标及半径的方法请参考练习题.

9.3 基于影像中特征点的可见性信息的 Delaunay 分割

前一节介绍的是通过3维点的 Delaunay 分割得到三角网,对于物体不是凸的时候,比如具有凹面的时候,凹的部分就表现不出来.通常只有凸包最外侧的三角形被保留下来.

对于通过影像计算出来的3维空间点,可以在这些影像上看到.如果视点与这些点的连线与三角锥相交,则应该删除该三角锥.原因是,除了透明的物体之外,如果这些三角锥存在,就不应该看到其后面的点(见图9.3).因此,对于各影像,将视点与该影像上能看到的点用直线连接,发现与这些直线相交的三角锥,则删除[21].

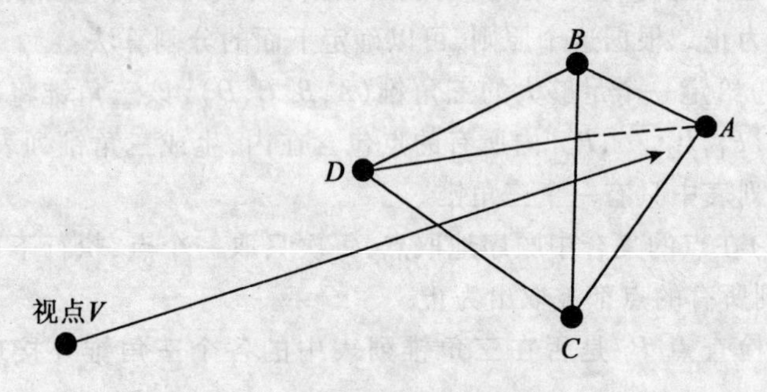

图9.3　如果从视点可以看到点 A,那么与线 VA 相交的三角锥 $ABCD$ 就不应该存在

以一个箱子为例,它的 Delaunay 三角形如图9.4所示.箱子的底面是凹的,原来的 Delaunay 三角形没有显示,根据从视点可以看到底部顶点等信息,将与视点和底部顶点之间的连线相交的三角锥

删除．这样生成的三角片的线框图(wireframe)和用 VRML 表示的实体模型(solid)显示在图 9.4 中．

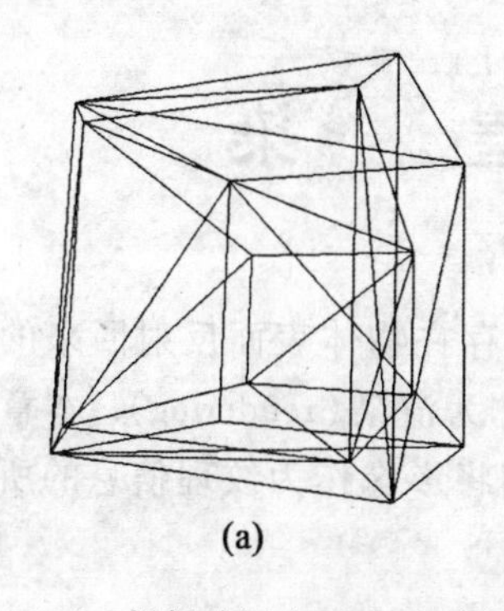

(a)

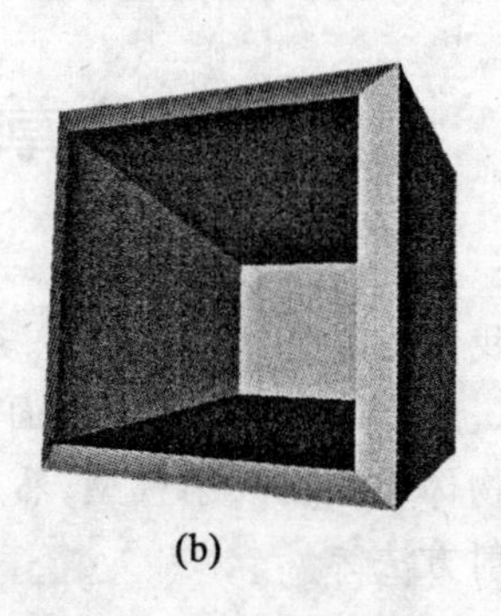

(b)

9.4　根据从视点可以看到底部顶点等信息，与视点和底部顶点之间的连线相交的三角锥已被删除
(a)三角片的线框图(wireframe)，(b)利用 VRML 表示的实体模型(solid)

加入特征点的可见性信息等约束条件，可以删除一些不存在的三角锥，但是不能保证所有不存在的三角锥都能被删除．一般特征点比较多以及影像也比较多时，不存在的三角锥被删除的可能性就大．有时，除了特征点之外，还可以用边的可见性信息．

9.4　练习题

1. 给定 4 个顶点的坐标，求外接圆的圆心和半径．
2. 给定 3 维空间中三角形的 3 个顶点和直线的两个端点，推导确定三角形与直线是否相交的判断式．

第10章　渲　　染

我们可以看到物体表面,是因为存在物体表面反射回来的光的缘故．用 CG 生成物体的表面模样称为渲染(rendering)．本章首先介绍物体表面的反射模型,然后介绍将影像作为纹理信息的所谓纹理映射方法．

10.1　漫反射与镜面反射

表面反射可以分为镜面反射(specular reflection)和漫反射(diffuse reflection)．镜面反射,从字面上理解,即用镜子进行反射,反射角与入射角相同的方向反射光很强,偏离这个方向,光强迅速减弱．漫反射的强度与反射角没有必然的关系,与入射角的余弦成比例．

用图 10.1 中表示的符号,点 P 在影像上的灰度可由下式表示:

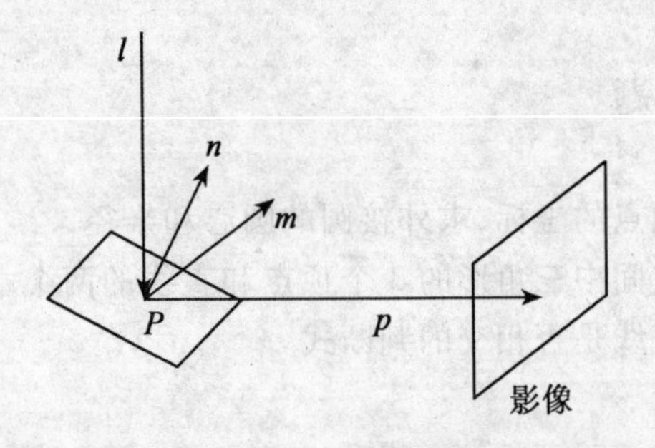

图 10.1　表面反射可以分为镜面反射和漫反射

$$I = I_L r_d \boldsymbol{n}^{\mathrm{T}}(-\boldsymbol{l}) + I_L r_s (\boldsymbol{p}^{\mathrm{T}} \boldsymbol{m})^n. \tag{10.1}$$

这里,I_L 为入射光的强度,r_d 和 r_s 分别为 P 点的漫反射率和镜面反射率,n 为表示表面光滑程度的参数,$\boldsymbol{n}$ 为 P 点法线方向的单位向量,$\boldsymbol{l}$ 为 P 点的入射光方向的单位向量,$\boldsymbol{p}$ 为连接点 P 与相机焦点连线的向量经过单位长规一化之后的向量,$\boldsymbol{m}$ 在 $\boldsymbol{l}$ 和 $\boldsymbol{n}$ 确定的平面内,表示反射角与入射角相同的方向的单位向量.$\boldsymbol{m}$ 满足

$$\boldsymbol{m}^{\mathrm{T}} \boldsymbol{n} = -\boldsymbol{l}^{\mathrm{T}} \boldsymbol{n},$$
$$\boldsymbol{m}^{\mathrm{T}} (\boldsymbol{l} \times \boldsymbol{n}) = 0.$$

式(10.1)中表示镜面反射的项(第2项)服从所谓的 Phong 模型,该模型在计算机图形学中经常使用.如果表示表面光滑程度的 n 越大,偏离镜面反射方向的光强度减弱得就越快.除了 Phong 模型之外,还有 Sparrow-Torrance 模型[46].该模型中,使用高斯函数表示镜面反射的项,由下式表示:

$$\boldsymbol{I}_s = \boldsymbol{I}_L r_s \mathrm{e}^{\frac{(\arccos(\boldsymbol{p}^{\mathrm{T}} \boldsymbol{m}))^2}{\sigma^2}}$$

这里,σ 为表示表面光滑程度的参数,参数变得越大,偏离镜面反射方向的光强度的减弱就会变慢.

对于形状已知的物体,如果输入影像,由于式(10.1)中的 $\boldsymbol{n}$ 和 $\boldsymbol{p}$ 已知,除以一个比例,就可以得到 r_d 和 r_s[36,48,50].从原理上讲,光源的方向也可以得到,获取这些参数之后,就可以用传统的 CG 方法,合成视点与光源变化后的图像.

但是,当存在多个光源以及不是点光源时,这些参数的求解就存在很多问题,比较复杂,因此,不直接去恢复这些参数,而直接将原始图像作为纹理贴在3维形状上的纹理映射方法用得比较普遍.

10.2 纹理映射

原始图像记录了原始照明条件下的光的分布.如果没有包含镜面反射,看到的光就是完全的漫反射光.对于漫反射,反射光的强度与视点的角度无关,只与光源的方向以及各点的反射系数有关.如果假设光源固定,各点的灰度(或颜色)就成为各点的反射系数的函

数,另外,各点的反射系数基本不变. 因此,即使改变视点,物体表面各点的灰度(颜色)也不会改变. 反射系数的这种分布,在CG中称为纹理(texture). 原始影像很好地反映了反射系数的这种分布,因此,下面叙述纹理映射,即,将原始影像直接贴到3维表面生成新的视点下的影像.

在对由三角网构成的物体表面进行纹理映射时,对于生成的新影像中的像素灰度(或颜色),必然要通过计算得到与原始影像中的像素灰度(或颜色)相同的灰度. 这里的计算,一般普通的仿射投影变换就可以了. 该投影变换式可以通过三角片的3个顶点对应求得,该变换式对三角片内的不是顶点的点也适用. 仿射投影变换由下式定义:

$$\boldsymbol{x} = \boldsymbol{A}\boldsymbol{x}' + \boldsymbol{t}. \tag{10.2}$$

这里,$\boldsymbol{x}$ 与 $\boldsymbol{x}'$ 分别为两张影像上对应点的坐标向量,$\boldsymbol{A}$ 为 2×2 的矩阵,$\boldsymbol{t}$ 为 2×1 的向量. 该式有6个参数,利用不在一条直线上的3个点可以求解. 对于三角片,使用3个顶点就可以了.

给定 $\boldsymbol{x}_i, \boldsymbol{x}'_i, i = 1,2,3$,根据 $\boldsymbol{A}$, $\boldsymbol{t}$ 满足下式可以将它们求解出来(参考练习题的答案):

$$\boldsymbol{x}_i = \boldsymbol{A}\boldsymbol{x}'_i + \boldsymbol{t}, \quad i = 1,2,3. \tag{10.3}$$

一般情况下,平面到平面的投影存在远近效果,需要投影变换,因此,利用上面叙述的方法进行纹理映射时,如果原始影像为从三角片的正面获取的,利用仿射投影得到的其他视点下的影像就变成了斜的,因此首先需要考虑的是,制作各三角片的正面影像的方法. 如果有了正面影像,再进行仿射投影变换,变形就会小一些.

图10.2表示生成正面影像的原理图. 在影像 I_1 的相机坐标系内记录的3维点 X_1, X_2, X_3 构成平面 F,在视点 O_2 可以从正面观测平面 F,这时得到的影像为 I_2. 其中三角形的顶点坐标 X_1, X_2, X_3 是以逆时针的顺序排列.

获取影像 I_1 与 I_2 的两台相机间存在下式表示的关系:

$$\boldsymbol{X} = \boldsymbol{R}\boldsymbol{X}' + \boldsymbol{t}. \tag{10.4}$$

其中,$\boldsymbol{X}'$ 为 I_2 的相机坐标系下的坐标,$\boldsymbol{R}$ 和 $\boldsymbol{t}$ 分别为 I_1 与 I_2 的相机

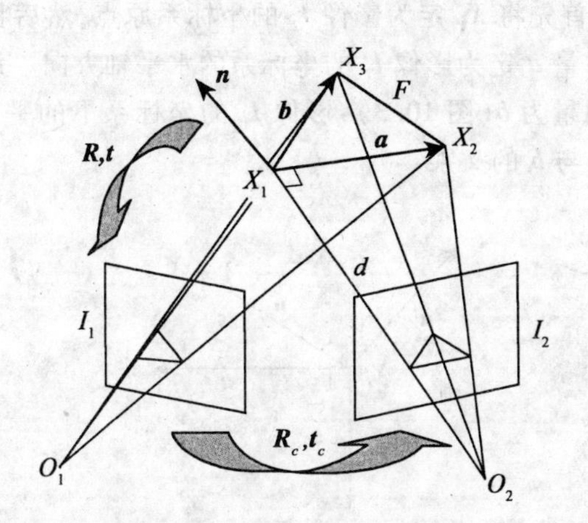

图 10.2 生成正射影像的原理图

间的旋转矩阵和平移向量.

当对象物体为平面时,两张影像间对应点的规一化坐标 $\boldsymbol{x}$ 和 $\boldsymbol{x}'$ 满足

$$\tilde{\boldsymbol{x}} \cong \boldsymbol{H}\tilde{\boldsymbol{x}}'. \tag{10.5}$$

其中,矩阵

$$\boldsymbol{H} = \boldsymbol{R} + \frac{\boldsymbol{t}\boldsymbol{n}^{\mathrm{T}}}{d} \tag{10.6}$$

为投影变换矩阵. 这里,$\boldsymbol{n}$ 为 O_2 坐标系下平面 F 的法线向量,d 为坐标原点 O_2 到平面 F 的距离[22]. 由于从正面观测平面 F,有 $\boldsymbol{n} = [0,0,1]^{\mathrm{T}}$.

使用数字影像坐标 $\tilde{\boldsymbol{m}},\tilde{\boldsymbol{m}}'$时, 式(10.5)变为

$$\tilde{\boldsymbol{m}} \cong \boldsymbol{H}'\tilde{\boldsymbol{m}}'. \tag{10.7}$$

其中,

$$\boldsymbol{H}' = \boldsymbol{A}\left(\boldsymbol{R} + \frac{\boldsymbol{t}\boldsymbol{n}^{\mathrm{T}}}{d}\right)\boldsymbol{A}^{-1}.$$

这里,$\boldsymbol{A}$ 为拍摄影像 I_1 的相机的内部矩阵,I_2 使用相同的相机.

下面的叙述中,利用影像 I_2 为平面 F 的正射影像来确定 I_2 的相

机坐标系．首先将 X_1 定为影像 I_2 的坐标系原点，然后将从 X_1 指向 X_2 的单位向量 $\boldsymbol{a}$ 定为影像 I_2 的坐标系的水平轴方向．设从 X_1 指向 X_3 的单位向量为 $\boldsymbol{b}$（图 10.3），影像 I_1 的坐标系下的平面 F 的法线方向 $\boldsymbol{n}'$为 $\boldsymbol{a}$ 与 $\boldsymbol{b}$ 的叉乘．

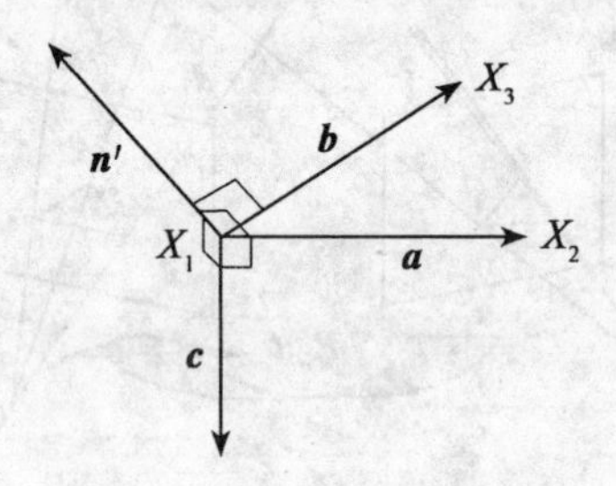

图 10.3　法线向量的方向

另外，$\boldsymbol{n}'$与 $\boldsymbol{a}$ 的叉乘 $\boldsymbol{c}$ 为表示影像 I_1 坐标系下影像 I_2 坐标系的 Y 轴方向的单位向量．通过这些向量，可以通过下式确定旋转矩阵 $\boldsymbol{R}$：

$$\boldsymbol{R} = [\boldsymbol{a},\ \boldsymbol{c},\ \boldsymbol{n}']. \tag{10.8}$$

最后，从 O_2 到平面的距离 d 可以求出来．由于影像 I_1 与影像 I_2 的比例大致相同，从 O_1 到 X_1 的距离与从 O_2 到 X_1 的距离（或从 O_2 到平面 F 的距离 d）也相同．于是有

$$d = \| \boldsymbol{X}_1 \|. \tag{10.9}$$

由式(10.4)，得到

$$\boldsymbol{t} = \boldsymbol{X}_1 - \boldsymbol{R}\begin{bmatrix} 0 \\ 0 \\ d \end{bmatrix}.$$

将 $\boldsymbol{R}$，$\boldsymbol{t}$ 与 d 代入式(10.6)，得到

$$\boldsymbol{H} = [\boldsymbol{a},\ \boldsymbol{c},\ \overline{\boldsymbol{X}}_1]. \tag{10.10}$$

其中，$\overline{\boldsymbol{X}}_1$ 为与 X_1 方向相同的单位向量．

给定相机的内部矩阵 $\boldsymbol{A}$，投影变换矩阵变为

$$H' = A[a, c, \overline{X}_1]A^{-1}.$$

使用上述方法,可以生成正射影像.

图 10.4 表示实验结果.左边的影像中有一个三角形(白色),对应该三角形,右图是生成的它的正射影像.可以看到正射影像中的变为直角的角度以前并不是直角.

图 10.4 原始影像(左)与生成的白线范围内的三角形的正射影像(右).正射影像中的变为直角的角度以前并不是直角

10.3 练习题

求式(10.3)中的矩阵 A 和向量 t.

第11章 基于影像的渲染

由于还没有能够实现影像间对应的自动化,因此作为3维重建基础的渲染的自动化也无法实现. 这里要考虑的是,只渲染必要的光线会使效率得到提高,利用这些光线,随着视点的移动实时地构成新的影像. 狭义上来讲就是基于影像的渲染(image based rendering).

"基于影像的渲染"最早的范例是已经商业化的QuickTimeVR[18,56]. 随后该方法被统一定义为Plenoptic Function[44],具体的实现有Lumigraph[24],Light Field[39],同心拼接(concertric mosaic)[53]等. 除了QuickTimeVR之外的系统,都必须知道相机的移动,没有一个达到实用化的程度. 下面对这些方法进行详细介绍.

11.1 QuickTime VR

对于QuickTimeVR,首先相机的位置是可变的,为了覆盖四周,需要朝不同的方向进行摄影. 相邻影像间要有重叠,通过重叠部分计算影像与影像之间的3维旋转. 可以认为影像是摄影中心发出的光线束. 如果已知影像间的旋转,那么就可以实现影像与影像之间的连接,或者,光线束与光线束之间的连接. 假定相机朝向任意的方向,取出该方向的光线束,就可以进行渲染相机朝向该方向时所能得到的影像(见图11.1).

如果相机的焦距f已知,在相机坐标系下,影像中各像素可以通过两个角度表示,这与地球的经纬度类似. 另外,如果已知相机间的旋转,不同影像上的像素可以定义在统一的坐标系下. 渲染时,只需

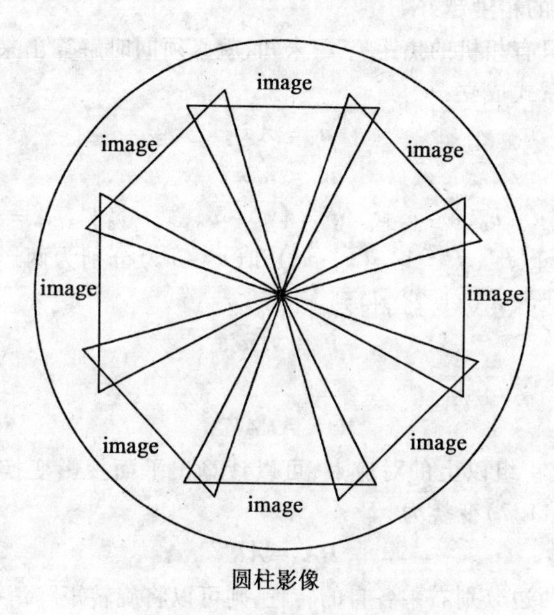

图 11.1　QuickTimeVR 的原理图

要将由角度表示的方向变换为像平面上的坐标.

对于只有相机旋转的运动(镜头中心不动),影像间对应点的位置关系符合平面投影变换. 旋转之前相机坐标系内的点(X,Y,Z)对应旋转之后相机坐标系内的点(X',Y',Z'),两者之间的关系符合

$$\boldsymbol{X} = \boldsymbol{R}\boldsymbol{X}'. \tag{11.1}$$

其中,$\boldsymbol{R}$ 为旋转矩阵.

如果两个相机的内部参数已知,则可以得到各点的规一化坐标. 如果对应点的规一化坐标分别为(x,y)和(x',y'),则可得到

$$\tilde{\boldsymbol{x}} \cong \boldsymbol{R}\tilde{\boldsymbol{x}}'. \tag{11.2}$$

因为旋转矩阵并不改变长度,上式可以变形为

$$\overline{\tilde{\boldsymbol{x}}} \cong \boldsymbol{R}\overline{\tilde{\boldsymbol{x}}}'. \tag{11.3}$$

其中,$\overline{\tilde{\boldsymbol{x}}}$和$\overline{\tilde{\boldsymbol{x}}}'$分别为 $\tilde{\boldsymbol{x}}$ 和 $\tilde{\boldsymbol{x}}'$的单位长向量. 通过式(11.3),利用两点之间的对应可以求出旋转矩阵(参照第3章). 实际上,使用的点

越多,解算的精度越好.

如果只有相机的焦距f, f'未知,就必须同时解算出来. 这时有下面的关系式成立:

$$\tilde{\boldsymbol{u}} = \boldsymbol{A}\tilde{\boldsymbol{x}}, \tag{11.4}$$

$$\tilde{\boldsymbol{u}}' = \boldsymbol{A}'\tilde{\boldsymbol{x}}'. \tag{11.5}$$

其中,$\boldsymbol{u} = [u - u_0, v - v_0]^{\mathrm{T}}$, $\boldsymbol{u}' = [u' - u'_0, v' - v'_0]^{\mathrm{T}}$, $\boldsymbol{A} = \mathrm{diag}(f, f, 1)$,$\boldsymbol{A}' = \mathrm{diag}(f', f', 1)$. $(u - u_0)$和$(u' - u'_0)$分别为两影像的光轴点. 将其代入式(11.2),得到

$$\tilde{\boldsymbol{u}} \cong \boldsymbol{H}\tilde{\boldsymbol{u}}'. \tag{11.6}$$

其中,

$$\boldsymbol{H} \cong \boldsymbol{A}\boldsymbol{R}\boldsymbol{A}'^{-1}. \tag{11.7}$$

首先,通过4组以上的对应点,可以计算出平面投影变换矩阵. 然后,将式(11.7)变换为

$$\boldsymbol{H}\boldsymbol{A}' \cong \boldsymbol{A}\boldsymbol{R}.$$

公式两边分别右乘各自的转置,则可以将旋转矩阵消去.

$$\boldsymbol{H}\mathrm{diag}(f'^2, f'^2, 1)\boldsymbol{H}^{\mathrm{T}} \cong \mathrm{diag}(f^2, f^2, 1). \tag{11.8}$$

通过上式可以简单地计算出相机的焦距f和f'.

所谓镜头中心不动的条件,实际上绝大多数情况下并不能满足,但由于镜头中心的移动相对于镜头中心与对象物体之间的距离非常小,认为移动为0就是很好的近似.

QuickTimeVR中,不能表示视点的平行移动,能够表示的只是旋转和缩放. 缩放与物理上走远走近在人眼中的感觉几乎没有区别. QuickTimeVR可以进行所有与远近无关的计算,能够带来令人震惊的真实的3维知觉效果.

11.2 Lumigraph, Light Field和同心拼接

考虑视点移动的渲染方法包括Lumigraph和Light Field.

如图11.2所示,在2维平面内密集地排列许多相机(相机与平面垂直),利用每个相机拍摄照片(这时如果环境静止,就相当于获

取了相机移动时所拍摄的照片）．这样一来，通过该 2 维平面的光线几乎全部记录下来．对于该平面内的位置，无论假设相机放在哪里，总是可以从合适的影像中抽出合适的光线，这样一来可以很好地再合成新影像．其中，当没有完全相同的光线时，可以用相邻的光线内插．

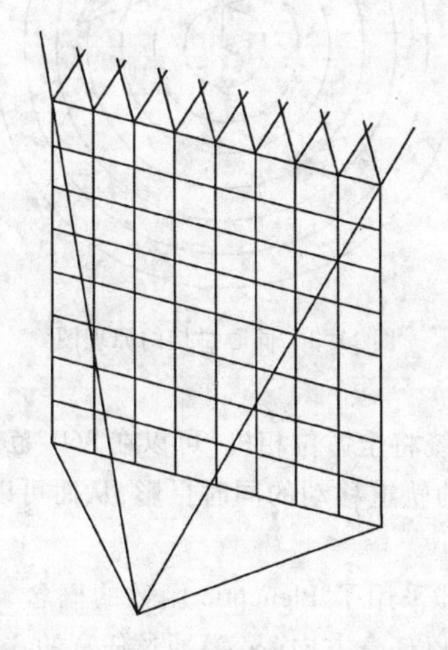

图 11.2　Lumigraph，Light Field 的原理图

把这种考虑方法扩展到 360°，就成了同心拼接[53]，如图 11.3 所示．这种方法是，在手臂上密集地放置多个光轴与手臂垂直的相机，在手臂旋转的同时，相机拍摄照片．对于各个相机，从各影像中抽取最中间的一根纵线，并排摆在一起，就做成一个全景影像．这些全景影像与手臂的旋转轴同心，因此称为同心拼接（MOSAIC）．同心拼接，将手臂旋转时通过的范围内的光线毫无遗漏地记录下来．

渲染是从同心全景影像中抽出平面内通过假想相机焦点的光线束，再构成新的影像．也有人研究将这种方法扩展到 3 维．这时手臂不是在同一高度，高度连续变化，这样就将限制在同心拼接平面内的相机运动扩展到了 3 维空间．

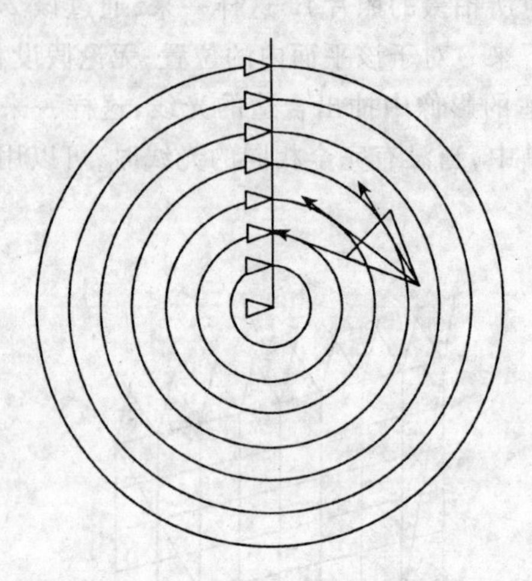

图 11.3　同心拼接的原理图

另外,也有系统将全方位相机(可以在360°范围内同时摄影)在地板上沿着规定的轨道移动的同时摄影,从而可以实现渲染任意位置、任意方向的影像.

这些系统全部采用了 Plenoptic 函数的概念.其最一般的定义为,如果可以记录以任意方向(α,β)通过任意的3维点(x,y,z)的任意时刻t的任意波长λ,就可以渲染任意的影像.渲染为该七元函数$(x,y,z,\alpha,\beta,\lambda,t)$的输出结果.在此7维空间中采样,将产生庞大的数据量,几乎是不可能实现的,因此需要简化.首先,假定静止环境,t可以省略.再假定光线相同没有变化,就简化为(x, y, z,α,β)5个参数了.另外,即使彩色影像中使用了波长λ,也可以将其省略.这样一来,7维空间变为4维空间.Lumigraph 和 Light Field 就是这样实现的.对于同心拼接,尽管相机的运动限制在平面内,也涉及3维空间.

在3维模型的制作方法中,与使用传统图形学方法的渲染相比,基于影像的渲染可以表现遮挡等更真实的情况,避免了制作3维模型中的许多困难工作,这是有利的一面.除了 QuickTimeVR 之外,都需要限制相机的运动,另外无法避免庞大数据量的处理,这是不利的一面. 现阶段还没有能够让普通用户方便地使用的系统.

11.3　练习题

由式(11.8)求 f 和 f'.

附录 A　向量和矩阵的微分

这里介绍几个与向量和矩阵的微分有关的公式[29].

$$\frac{\mathrm{d}s}{\mathrm{d}\boldsymbol{a}}=\left[\frac{\partial s}{\partial a_1},\cdots,\frac{\partial s}{\partial a_n}\right]^{\mathrm{T}}.$$

$$\frac{\mathrm{d}(\boldsymbol{a}\cdot\boldsymbol{b})}{\mathrm{d}\boldsymbol{a}}=\frac{\mathrm{d}(\boldsymbol{a}^{\mathrm{T}}\boldsymbol{b})}{\mathrm{d}\boldsymbol{a}}=\frac{\mathrm{d}(\boldsymbol{b}^{\mathrm{T}}\boldsymbol{a})}{\mathrm{d}\boldsymbol{a}}=\boldsymbol{b}.$$

$$\frac{\mathrm{d}(\boldsymbol{a}^{\mathrm{T}}\boldsymbol{a})}{\mathrm{d}\boldsymbol{a}}=2\boldsymbol{a}.$$

$$\frac{\mathrm{d}(\boldsymbol{a}^{\mathrm{T}}\boldsymbol{A}\boldsymbol{b})}{\mathrm{d}\boldsymbol{a}}=\boldsymbol{A}\boldsymbol{b},\quad \frac{\mathrm{d}(\boldsymbol{a}^{\mathrm{T}}\boldsymbol{A}\boldsymbol{b})}{\mathrm{d}\boldsymbol{b}}=\boldsymbol{A}^{\mathrm{T}}\boldsymbol{a}.$$

$$\frac{\mathrm{d}\boldsymbol{b}}{\mathrm{d}\boldsymbol{a}}=\begin{bmatrix}\frac{\partial b_1}{\partial a_1} & \cdots & \frac{\partial b_1}{\partial a_n}\\ \vdots & \ddots & \vdots\\ \frac{\partial b_m}{\partial a_1} & \cdots & \frac{\partial b_m}{\partial a_n}\end{bmatrix}.$$

$$\frac{\mathrm{d}(\boldsymbol{A}\boldsymbol{a})}{\mathrm{d}\boldsymbol{a}}=\boldsymbol{A}.$$

$$\frac{\mathrm{d}(\boldsymbol{a}\times\boldsymbol{b})}{\mathrm{d}\boldsymbol{b}}=\frac{\mathrm{d}([\boldsymbol{a}]_{\times}\boldsymbol{b})}{\mathrm{d}\boldsymbol{b}}=[\boldsymbol{a}]_{\times}=\begin{bmatrix}0 & -a_z & a_y\\ a_z & 0 & -a_x\\ -a_y & a_x & 0\end{bmatrix}.$$

$$\frac{\mathrm{d}s}{\mathrm{d}\boldsymbol{A}}=\begin{bmatrix}\frac{\partial s}{\partial a_{11}} & \cdots & \frac{\partial s}{\partial a_{1n}}\\ \vdots & \ddots & \vdots\\ \frac{\partial s}{\partial a_{m1}} & \cdots & \frac{\partial s}{\partial a_{mn}}\end{bmatrix}.$$

$$\frac{\mathrm{d}(\mathrm{trace}(\boldsymbol{A}))}{\mathrm{d}\boldsymbol{A}}=\boldsymbol{I}.$$

$$\frac{\mathrm{d}(\boldsymbol{a}^{\mathrm{T}}\boldsymbol{A}\boldsymbol{b})}{\mathrm{d}\boldsymbol{A}}=\boldsymbol{a}\boldsymbol{b}^{\mathrm{T}}.$$

$$\frac{\mathrm{d}(\det(\boldsymbol{A}))}{\mathrm{d}\boldsymbol{A}}=\det(\boldsymbol{A})(\boldsymbol{A})^{-\mathrm{T}}.$$

$$\frac{\mathrm{d}(\mathrm{trace}(\boldsymbol{A}\boldsymbol{B}))}{\mathrm{d}\boldsymbol{A}}=\boldsymbol{B}^{\mathrm{T}},\quad \frac{\mathrm{d}(\mathrm{trace})(\boldsymbol{A}\boldsymbol{B}))}{\mathrm{d}\boldsymbol{B}}=A^{\mathrm{T}}.$$

$$\frac{\mathrm{d}(\mathrm{trace}(\boldsymbol{A}^{\mathrm{T}}\boldsymbol{A}))}{\mathrm{d}\boldsymbol{A}}=\frac{\mathrm{d}(\|\boldsymbol{A}\|^{2})}{\mathrm{d}\boldsymbol{A}}=2\boldsymbol{A}.$$

其中，$\|\boldsymbol{A}\|^{2}=\sum_{i=1}^{n}\sum_{j=1}^{n}a_{ij}^{2}$.

附录B 逆矩阵及伪逆矩阵

对于联立线性方程组,下面根据方程式的个数与未知数个数的多少,推导逆矩阵与伪逆矩阵[65].

给定 n 个线性方程

$$\boldsymbol{a}_i^{\mathrm{T}}\boldsymbol{x} = c_i, i = 1, \cdots, n. \tag{B.1}$$

这里,$\boldsymbol{x}$ 的维数为 m. 方程式可以表示为

$$\boldsymbol{A}\boldsymbol{x} = \boldsymbol{c}. \tag{B.2}$$

其中,

$$\boldsymbol{A} = \begin{bmatrix} \boldsymbol{a}_1^{\mathrm{T}} \\ \vdots \\ \boldsymbol{a}_n^{\mathrm{T}} \end{bmatrix}, \quad \boldsymbol{c} = \begin{bmatrix} c_1 \\ \vdots \\ c_n \end{bmatrix}.$$

当 $m = n$ 时,方程式的个数与未知数的个数相同,当 n 个方程式线性独立($\boldsymbol{A}$ 正则,即非奇异)时,可以确定惟一的解为

$$\boldsymbol{x} = A^{-1}\boldsymbol{c}.$$

当 $m < n$ 时,方程式的个数大于未知数的个数,方程式线性独立时,不存在严格的解. 因此,定义评价函数

$$C = (\boldsymbol{A}\boldsymbol{x} - \boldsymbol{c})^{\mathrm{T}}(\boldsymbol{A}\boldsymbol{x} - \boldsymbol{c}), \tag{B.3}$$

对其最小化.

将 C 对 $\boldsymbol{x}$ 求导,使令导数为0,得到

$$\frac{\mathrm{d}C}{\mathrm{d}\boldsymbol{x}} = 2\boldsymbol{A}^{\mathrm{T}}\boldsymbol{A}\boldsymbol{x} - 2\boldsymbol{A}^{\mathrm{T}}\boldsymbol{c} = 0.$$

其解为

$$\boldsymbol{x} = (\boldsymbol{A}^{\mathrm{T}}A)^{-1}\boldsymbol{A}^{\mathrm{T}}\boldsymbol{c} = \boldsymbol{A}^{+}\boldsymbol{c}. \tag{B.4}$$

这里,$\boldsymbol{A}^{+} = (\boldsymbol{A}^{\mathrm{T}}A)^{-1}\boldsymbol{A}^{\mathrm{T}}$ 为所谓的伪逆矩阵. 如果这时候的二次微分

大于 0，即

$$\frac{\mathrm{d}^2 C}{\mathrm{d}\boldsymbol{x}^2} = 2A^{\mathrm{T}}A > 0$$

解为最小解.

另外，当 $m > n$ 时，方程式的个数小于未知数的个数. 当然，这时存在无数解，可以求其中最小的解，即向量 $\boldsymbol{x}$ 最短的解.

这时定义评价函数为

$$C = \boldsymbol{x}^{\mathrm{T}}\boldsymbol{x} + \boldsymbol{\lambda}^{\mathrm{T}}(\boldsymbol{A}\boldsymbol{x} - \boldsymbol{c}).$$

这里，$\boldsymbol{\lambda} = [\lambda_1, \cdots, \lambda_m]^{\mathrm{T}}$ 为拉普拉斯乘数向量.

将 C 对 $\boldsymbol{x}$ 求导，使令导数为 0，得到

$$2\boldsymbol{x} + \boldsymbol{A}^{\mathrm{T}}\boldsymbol{\lambda} = 0,$$

即

$$x = -\frac{1}{2}\boldsymbol{A}^{\mathrm{T}}\boldsymbol{\lambda}.$$

然后，将 C 对 $\boldsymbol{\lambda}$ 微分，使得到的导数为 0，得到

$$\boldsymbol{A}\boldsymbol{x} - \boldsymbol{c} = \boldsymbol{0}.$$

将 $\boldsymbol{x} = -\frac{1}{2}\boldsymbol{A}^{\mathrm{T}}\boldsymbol{\lambda}$ 代入，得到

$$\boldsymbol{\lambda} = -2(\boldsymbol{A}\boldsymbol{A}^{\mathrm{T}})^{-1}\boldsymbol{c}.$$

将该式再代入 $\boldsymbol{x} = -\frac{1}{2}A^{\mathrm{T}}\boldsymbol{\lambda}$ 得到

$$\boldsymbol{x} = \boldsymbol{A}^{+}\boldsymbol{c} = \boldsymbol{A}^{\mathrm{T}}(\boldsymbol{A}\boldsymbol{A}^{\mathrm{T}})^{-1}\boldsymbol{c}. \tag{B.5}$$

这时的 $\boldsymbol{A}^{+}$ 也称为伪逆矩阵. 实际上，式(B.4) 与式(B.5) 表示的两个伪逆矩阵具有对称的关系.

若 C 对 $\boldsymbol{x}$ 的二次微分大于 0，即

$$\frac{\mathrm{d}^2 C}{\mathrm{d}\boldsymbol{x}^2} = 2\boldsymbol{I} > 0,$$

则解为最小解. 这里，$\boldsymbol{I}$ 为单位矩阵.

利用伪逆矩阵表示 $\boldsymbol{c} - \boldsymbol{A}\boldsymbol{x}$，就变为下式：

$$(\boldsymbol{I} - \boldsymbol{A}^{\mathrm{T}}(\boldsymbol{A}\boldsymbol{A}^{\mathrm{T}})^{-1}\boldsymbol{A})\boldsymbol{c}, m > n,$$

$$(\boldsymbol{I} - \boldsymbol{A}(\boldsymbol{A}^{\mathrm{T}}\boldsymbol{A})^{-1}\boldsymbol{A}^{\mathrm{T}})\boldsymbol{c}, m < n.$$

这里,首先看 $n-m=1$ 的特殊情况(对于 $m-n=1$ 可以得出相同的结论),可以构造 $n\times n$ 的矩阵 $\boldsymbol{B}$:

$$\boldsymbol{B}=\begin{bmatrix}\boldsymbol{A}\\ \boldsymbol{y}^{\mathrm{T}}\end{bmatrix}.$$

其中,$\boldsymbol{Ay}=\boldsymbol{0}$.

由于

$$\boldsymbol{B}^{\mathrm{T}}(\boldsymbol{BB}^{\mathrm{T}})^{-1}\boldsymbol{B}=\boldsymbol{A}^{\mathrm{T}}(\boldsymbol{AA}^{\mathrm{T}})^{-1}\boldsymbol{A}+\frac{\boldsymbol{yy}^{\mathrm{T}}}{\|\boldsymbol{y}\|^{2}}=\boldsymbol{I},$$

可以得到

$$\boldsymbol{I}-\boldsymbol{A}^{\mathrm{T}}(\boldsymbol{AA}^{\mathrm{T}})^{-1}\boldsymbol{A}=\frac{\boldsymbol{yy}^{\mathrm{T}}}{\|\boldsymbol{y}\|^{2}}.$$

因此,$(\boldsymbol{I}-\boldsymbol{A}^{\mathrm{T}}(\boldsymbol{AA}^{\mathrm{T}})^{-1}\boldsymbol{A})\boldsymbol{\omega}$ 可以由与向量 $\boldsymbol{y}$ 同方向的向量构成. 其中,$\boldsymbol{\omega}$ 为任意非零的向量.

附录 C 特征值分解

对于 $n \times n$ 的方阵 $\boldsymbol{A}$,满足方程式

$$\boldsymbol{A}\boldsymbol{u} = \lambda \boldsymbol{u} \tag{C.1}$$

的 λ 与(非零)向量 $\boldsymbol{u}$ 分别称为矩阵 $\boldsymbol{A}$ 的特征值(eigen value)和特征向量(eigen vector)[4,23].

式(C.1)可以写为

$$(\boldsymbol{A} - \lambda \boldsymbol{I})\boldsymbol{u} = \boldsymbol{0}.$$

λ 可以作为方程式

$$|\boldsymbol{A} - \lambda \boldsymbol{I}| = 0 \tag{C.2}$$

的解求得. 其中 $\boldsymbol{I}$ 为单位向量. 式(C.2)的左侧是关于 λ 的 n 次多项式. 该方程称为矩阵 $\boldsymbol{A}$ 的特征方程式,有 n 个解 $\{\lambda_i, i = 1, \cdots, n\}$. λ 的非 0 解的个数为矩阵 $\boldsymbol{A}$ 的秩(rank).

上述的各定义对一般的方阵成立,这里只讨论对称的方阵.

对称方阵的特征值全部为实数. n 个特征向量 $\{\boldsymbol{u}_i, i = 1, \cdots, n\}$ 正交($\boldsymbol{u}^{\mathrm{T}}\boldsymbol{u}_j = \delta_{ij}$).

对称方阵 $\boldsymbol{A}$ 可以用特征值 $\{\lambda_i\}$ 与特征向量 $\{\boldsymbol{u}_i\}$ 表示为

$$\boldsymbol{A} = \sum_{i=1}^{n} \lambda_i \boldsymbol{u}_i \boldsymbol{u}_i^{\mathrm{T}}. \tag{C.3}$$

如果矩阵 $\boldsymbol{U}$ 定义为

$$\boldsymbol{U} = [\boldsymbol{u}_1 \quad \cdots \quad \boldsymbol{u}_i \quad \cdots \quad \boldsymbol{u}_n],$$

则式(C.3)可以写为

$$\boldsymbol{A} = \boldsymbol{U}\boldsymbol{\Lambda}\boldsymbol{U}^{\mathrm{T}}. \tag{C.4}$$

其中,

$$\Lambda = \mathrm{diag}(\lambda_1, \cdots, \lambda_i, \cdots, \lambda_n).$$

这就是矩阵 $\boldsymbol{A}$ 的特征值分解(eigen value decomposition). 由式(C.4)可以得到

$$\boldsymbol{U}^{\mathrm{T}}\boldsymbol{A}\boldsymbol{U}=\boldsymbol{U}^{\mathrm{T}}\boldsymbol{U}\boldsymbol{\Lambda}\boldsymbol{U}\boldsymbol{U}^{\mathrm{T}}=\boldsymbol{\Lambda}.$$

这就是矩阵 $\boldsymbol{A}$ 的对角化. 这里,特征向量满足

$$\boldsymbol{U}^{\mathrm{T}}\boldsymbol{U}=\boldsymbol{U}\boldsymbol{U}^{\mathrm{T}}=\sum_{i=1}^{n}\boldsymbol{u}_i\boldsymbol{u}_i^{\mathrm{T}}=\boldsymbol{I}.$$

与特征值和特征向量相关的几个性质如下:

$$\mathrm{tr}(\boldsymbol{A})=\sum_{i=1}^{n}\lambda_i,$$

$$\det(\boldsymbol{A})=\prod_{i=1}^{n}\lambda_i,$$

$$\boldsymbol{A}^k=\sum_{i=1}^{n}\lambda_i^k\boldsymbol{u}_i\boldsymbol{u}_i^{\mathrm{T}}.$$

其中,k 为正整数或负整数. 如果 $\lambda_i>0, i=1,\cdots,n$ 成立,称矩阵 $\boldsymbol{A}$ 为正值,如果 $\lambda_i\geqslant 0, i=1,\cdots,n$ 成立,则称矩阵 $\boldsymbol{A}$ 为半正值. 对于半正值矩阵 $\boldsymbol{A}$,它的平方根定义为

$$\sqrt{\boldsymbol{A}}=\sum_{i=1}^{n}\sqrt{\lambda_i}\boldsymbol{u}_i\boldsymbol{u}_i^{\mathrm{T}}.$$

当矩阵 $\boldsymbol{A}$ 可以表示为 $\boldsymbol{A}=\boldsymbol{B}\boldsymbol{B}^{\mathrm{T}}$ 时,矩阵 $\boldsymbol{A}$ 至少为半正值.

对于任意向量 $\boldsymbol{x}$,它到各特征向量的投影的线性组合可以表示为

$$\boldsymbol{A}\boldsymbol{x}=\sum_{i=1}^{n}\lambda_i(\boldsymbol{u}_i^{\mathrm{T}}\boldsymbol{x})\boldsymbol{u}_i.$$

另外,假设 $\lambda_1>\lambda_2>\cdots>\lambda_n\geqslant 0$(不失一般性,这里可以通过改变与特征值对应的特征向量的顺序实现),用 $\sum_{i=1}^{r}\lambda_i(\boldsymbol{u}_i^{\mathrm{T}}\boldsymbol{x})\boldsymbol{u}_i(1<r<n)$ 近似地表示 $\boldsymbol{A}\boldsymbol{x}$ 的误差为

$$\boldsymbol{A}\boldsymbol{x}-\sum_{i=1}^{n}\lambda_i(\boldsymbol{u}_i^{\mathrm{T}}\boldsymbol{x})\boldsymbol{u}_i=\sum_{i=r+1}^{n}\lambda_i(\boldsymbol{u}_i^{\mathrm{T}}\boldsymbol{x})\boldsymbol{u}_i.$$

当 $\lambda_{r+1},\cdots,\lambda_n$ 非常小时,得到比较好的近似.

附录 D　奇异值分解

设有 $m \times n(\mathrm{m} \geqslant \mathrm{n})$ 的矩阵 $\boldsymbol{A}$. $\boldsymbol{A}^{\mathrm{T}}\boldsymbol{A}$ 为 $n \times n$ 的对称方阵,根据附录 C 的叙述,可以求得它的非负的特征值 $\lambda_1 \geqslant \lambda_2 \geqslant \cdots \geqslant \lambda_r > \lambda_{r+1} = \cdots = \lambda_n = 0$ 和对应的特征向量 $\{\boldsymbol{v}_1, \cdots, \boldsymbol{v}_n\}$.

现在,求 $m \times m$ 的对称方阵 $\boldsymbol{A}\boldsymbol{A}^{\mathrm{T}}$ 的非负特征值 $\lambda_1 \geqslant \lambda_2 \geqslant \cdots \geqslant \lambda_r > \lambda_{r+1} = \cdots = \lambda_m = 0$ 对应的特征向量 $\{\boldsymbol{u}_1, \cdots, \boldsymbol{u}_m\}$. 由于 $\boldsymbol{A}\boldsymbol{A}^{\mathrm{T}}$ 与 $\boldsymbol{A}^{\mathrm{T}}A$ 共有非零的特征值,因此 $r \leqslant n \leqslant m$ 成立.

定义矩阵 $\boldsymbol{A}$ 的奇异值为 $\sigma_i = \sqrt{\lambda_i}, i = 1, \cdots, n$,则矩阵 $\boldsymbol{A}$ 可以表示为

$$\boldsymbol{A} = \sum_{i=1}^{n} \sigma_i \boldsymbol{u}_i \boldsymbol{v}_i^{\mathrm{T}}. \tag{D.1}$$

再有,如果定义

$$\boldsymbol{U} = [\boldsymbol{u}_1, \cdots, \boldsymbol{u}_n], \boldsymbol{V} = [\boldsymbol{v}_1, \cdots, \boldsymbol{v}_n], \boldsymbol{\Sigma} = \mathrm{diag}(\sigma_1, \cdots, \sigma_n),$$

则矩阵 $\boldsymbol{A}$ 可以表示为 3 个矩阵的乘积:

$$\boldsymbol{A} = \boldsymbol{U}\boldsymbol{\Sigma}\boldsymbol{V}^{\mathrm{T}}. \tag{D.2}$$

上式称为矩阵 $\boldsymbol{A}$ 的奇异值分解(singular value decomposition)[23]. 式(D.1) 可以由式(D.2) 展开得到.

为了确定式(D.2),首先将其代入 $\boldsymbol{A}\boldsymbol{A}^{\mathrm{T}}$ 与 $\boldsymbol{A}^{\mathrm{T}}\boldsymbol{A}$. 由 $\boldsymbol{U}^{\mathrm{T}}\boldsymbol{U} = \boldsymbol{I}$ 和 $\boldsymbol{V}^{\mathrm{T}}\boldsymbol{V} = \boldsymbol{I}$,可以推导出

$$\boldsymbol{A}\boldsymbol{A}^{\mathrm{T}} = \boldsymbol{U}\boldsymbol{\Sigma}\boldsymbol{V}^{\mathrm{T}}\boldsymbol{V}\boldsymbol{\Sigma}^{\mathrm{T}}\boldsymbol{U}^{\mathrm{T}} = \boldsymbol{U}\mathrm{diag}(\lambda_1, \cdots, \lambda_n)\boldsymbol{U}^{\mathrm{T}}$$

和

$$\boldsymbol{A}\boldsymbol{A}^{\mathrm{T}} = \boldsymbol{V}\boldsymbol{\Sigma}^{\mathrm{T}}\boldsymbol{U}^{\mathrm{T}}\boldsymbol{U}\boldsymbol{\Sigma}\boldsymbol{V}^{\mathrm{T}} = \boldsymbol{V}\mathrm{diag}(\lambda_1, \cdots, \lambda_n)\boldsymbol{V}^{\mathrm{T}}.$$

它们分别为 $\boldsymbol{A}\boldsymbol{A}^{\mathrm{T}}$ 与 $\boldsymbol{A}^{\mathrm{T}}\boldsymbol{A}$ 的特征值分解.

若 $\boldsymbol{A}$ 由 $\sum_{i=1}^{S} \sigma_i \boldsymbol{u}_i \boldsymbol{v}_i^{\mathrm{T}} (1 < s < n)$ 近似表示的误差为

$$\sum_{i=s+1}^{n} \sigma_i \boldsymbol{u}_i \boldsymbol{v}_i^{\mathrm{T}},$$

当 $\sigma_{s+1}, \cdots, \sigma_n$ 非常小时,得到比较好的近似.

同样对于 $m \leqslant n$,可以利用下式得到 $\boldsymbol{A}$ 的奇异值分解:

$$\boldsymbol{A} = \sum_{i=1}^{m} \sigma_i \boldsymbol{u}_i \boldsymbol{v}_i^{\mathrm{T}} = \boldsymbol{U\Sigma V}^{\mathrm{T}}.$$

其中,

$$\boldsymbol{U} = [\boldsymbol{u}_1, \cdots, \boldsymbol{u}_m], \boldsymbol{V} = [\boldsymbol{v}_1, \cdots, \boldsymbol{v}_m], \boldsymbol{\Sigma} = \mathrm{diag}(\sigma_1, \cdots, \sigma_m). \tag{D.3}$$

附录 E　线性函数的拟合

附录 E 介绍给定 $n(n \geqslant 2)$ 个点的坐标，确定直线方程的方法[65]. 两点确定一条直线. n 个点完全在一条直线上，就没有问题了，对于数字影像，这种情况几乎不存在. 即，n 个方程式

$$ax_i + by_i + c = 0, i = 1, \cdots, n \tag{E.1}$$

不可能同时成立. 这里的对策是，确定到各个点的距离的平方和最小的直线.

式(E.1) 的残差为

$$\varepsilon_i = ax_i + by_i + c, i = 1, \cdots, n. \tag{E.2}$$

定义由下式表示的评价函数 C：

$$C = \sum_{i=1}^{n} \varepsilon_i^2 = \sum_{i=1}^{n} (ax_i + by_i + c)^2 = (\boldsymbol{A}\boldsymbol{a} + c\boldsymbol{l})^{\mathrm{T}}(\boldsymbol{A}\boldsymbol{a} + c\boldsymbol{l}). \tag{E.3}$$

其中，

$$\boldsymbol{A} = \begin{bmatrix} x_1 & y_1 \\ \vdots & \vdots \\ x_n & y_n \end{bmatrix}, \boldsymbol{a} = [a \quad b]^{\mathrm{T}}, \boldsymbol{l} = [1, \cdots, 1]^{\mathrm{T}}.$$

可以通过求 C 对 $\boldsymbol{a}$ 的微分来求解 $\boldsymbol{a}$(参照附录 A 中向量与矩阵的微分). 当 $C \neq 0$ 时，若

$$\frac{\mathrm{d}C}{\mathrm{d}\boldsymbol{a}} = 2\boldsymbol{A}^{\mathrm{T}}\boldsymbol{A}\boldsymbol{a} + 2\boldsymbol{A}^{\mathrm{T}}c\boldsymbol{l} = 0,$$

则它的解为

$$\boldsymbol{a} = -c(\boldsymbol{A}^{\mathrm{T}}\boldsymbol{A})^{-1}\boldsymbol{A}^{\mathrm{T}}\boldsymbol{l}.$$

这里，$\boldsymbol{A}^{+} = (\boldsymbol{A}^{\mathrm{T}}\boldsymbol{A})^{-1}\boldsymbol{A}^{\mathrm{T}}$ 为 $\boldsymbol{A}$ 的伪逆矩阵(pseudo inverse)(参照附录 B).

对于解是最大值还是最小值,要看其二次微分. 对于任意非零向量 $\boldsymbol{x}$,当

$$\boldsymbol{x}^{\mathrm{T}}\boldsymbol{M}\boldsymbol{x} > 0 \ (< 0)$$

成立时,有 $\boldsymbol{M} > 0(< 0)$. 当 $\boldsymbol{M}$ 可以表示为 $\boldsymbol{M} = \boldsymbol{A}^{\mathrm{T}}\boldsymbol{A}$ 时($\boldsymbol{A}$ 是正则矩阵),由

$$\boldsymbol{x}^{\mathrm{T}}\boldsymbol{M}\boldsymbol{x} = \boldsymbol{x}^{\mathrm{T}}\boldsymbol{A}^{\mathrm{T}}\boldsymbol{A}\boldsymbol{x} = (\boldsymbol{A}\boldsymbol{x})^{\mathrm{T}}(\boldsymbol{A}\boldsymbol{x}) > 0$$

可得出 $\boldsymbol{M}$ 恒大于0. 这里,由于

$$\frac{\mathrm{d}^2 C}{\mathrm{d}\boldsymbol{x}^2} = 2A^{\mathrm{T}}A > 0,$$

因此求得 C 的最小值.

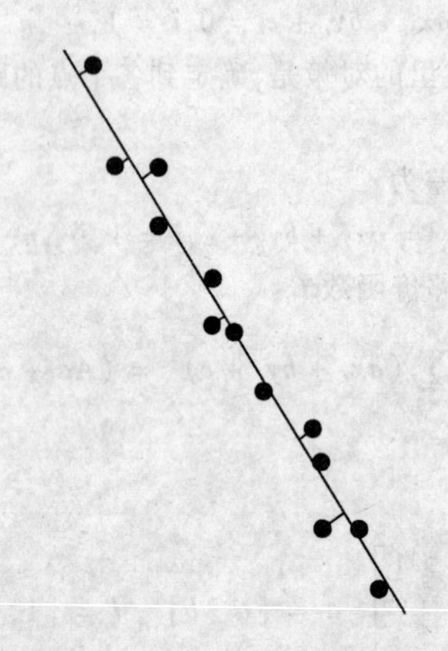

图 E.1　给定 $n(n > 2)$ 个点,可以通过这些点到直线的距离的平方和最小来确定这条直线

另一种方法是,首先求 c. 将 C 对 c 微分,并让其等于零,得到方程式

$$\frac{\mathrm{d}C}{\mathrm{d}c} = 2\boldsymbol{l}^{\mathrm{T}}(\boldsymbol{A}\boldsymbol{a} + c\boldsymbol{l}) = 0.$$

解为

$$c = -\boldsymbol{x}_0^{\mathrm{T}}\boldsymbol{a}. \tag{E.4}$$

这里,$\boldsymbol{x}_0 = \frac{1}{n}\sum_{i=1}^{n}\boldsymbol{x}_i$ 为 $\boldsymbol{x}_i(i = 1, \cdots, n)$ 的平均值. 将式(E.4) 代入原来的式子,另外再定义

$$\boldsymbol{V} = \begin{bmatrix} x_1 - x_0 & y_1 - y_0 \\ \vdots & \vdots \\ x_n - x_0 & y_n - y_0 \end{bmatrix}^{\mathrm{T}}, \boldsymbol{W} = \boldsymbol{V}\boldsymbol{V}^{\mathrm{T}},$$

则评价函数变为

$$C = \boldsymbol{a}^{\mathrm{T}}\boldsymbol{W}\boldsymbol{a}.$$

这时将 C 对 $\boldsymbol{a}$ 微分,并让其等于零,得到

$$\frac{\mathrm{d}C}{\mathrm{d}\boldsymbol{a}} = 2\boldsymbol{W}\boldsymbol{a} = \boldsymbol{0}.$$

对于上式一般只存在 $\boldsymbol{a} = \boldsymbol{0}$ 的解. 但是,$\boldsymbol{a} = \boldsymbol{0}$ 意味着没有解. 出现这样的情况是因为没有限制 $\boldsymbol{a}$ 的长度. 因此,在评价函数中加入 $\boldsymbol{a}$ 为单位长的限制条件,评价函数变为

$$C = \boldsymbol{a}^{\mathrm{T}}\boldsymbol{W}\boldsymbol{a} + \lambda(1 - \boldsymbol{a}^{\mathrm{T}}\boldsymbol{a}). \tag{E.5}$$

这里,λ 为拉普拉斯乘数. 再次将 C 对 $\boldsymbol{a}$ 微分,并让其等于零,得到

$$\frac{\mathrm{d}C}{\mathrm{d}\boldsymbol{a}} = 2\boldsymbol{W}\boldsymbol{a} - 2\lambda\boldsymbol{a} = \boldsymbol{0}. \tag{E.6}$$

这是一个特征方程式(参照附录 C). 因此,λ 和 $\boldsymbol{a}$ 分别为 $\boldsymbol{W}$ 的特征值和对应的特征向量. 这里,特征值和特征向量总共有两个(与 $\boldsymbol{a}$ 的维数相等). 将解代入式(E.5),由于评价函数变为:

$$C = \lambda, \tag{E.7}$$

可以认为最小的特征值对应的特征向量即为 $\boldsymbol{a}$ 的解. 这时,由于 $C = \boldsymbol{a}^{\mathrm{T}}\boldsymbol{W}\boldsymbol{a}$ 的二次微分大于 0,

$$\frac{\mathrm{d}^2 C}{\mathrm{d}\boldsymbol{a}^2} = 2\boldsymbol{W} > 0,$$

因此 C 有最小值.

将该结果作为式(E.3) 的替代,与各点到直线的欧几里得距离的平方和为最小所得的结果相同.

附录F　非线性函数的拟合

首先,考查函数

$$C = f(\boldsymbol{x}) = f(x, y, \cdots)$$

的最小化.函数在各点可导.

最速下降法(greatest descent method)是首先选取适当的初始值 $\boldsymbol{x}_0$,然后迭代,若迭代的规则是

$$\boldsymbol{x}_{i+1} = \boldsymbol{x}_i - \lambda \frac{\mathrm{d}f(\boldsymbol{x}_i)}{\mathrm{d}\boldsymbol{x}}, \lambda > 0, \tag{F.1}$$

则 C 恒减小,并逐渐趋近于导数为0的点(见图F.1).

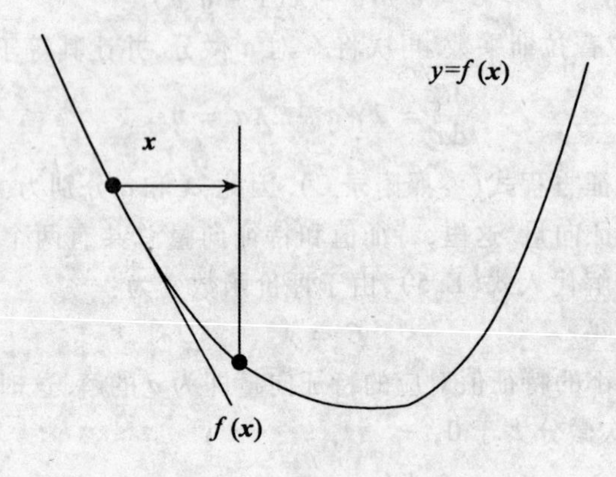

图F.1　最速下降法示意图

C 恒减少的证明如下:

$$\Delta C \approx \left(\frac{\mathrm{d}f(\boldsymbol{x}_i)}{\mathrm{d}\boldsymbol{x}}\right)^{\mathrm{T}} \Delta \boldsymbol{x},$$

将

$$\Delta \boldsymbol{x} = \boldsymbol{x}_{i+1} - \boldsymbol{x}_i = -\lambda \frac{\mathrm{d}f(\boldsymbol{x}_i)}{\mathrm{d}\boldsymbol{x}}$$

代入上式得到

$$\Delta C \approx -\lambda \left\| \frac{\mathrm{d}f(\boldsymbol{x}_i)}{\mathrm{d}\boldsymbol{x}} \right\|^2 < 0.$$

可见 C 恒减小. 另外,由于减小的速度依赖于导数的大小,因此越趋近于极值,速度越慢. λ 变小,变化就小. 相反,λ 变大,变化也大,可能越过极值,来回振荡,产生紊乱的振荡.

最速下降法中,函数在各个经过点之间是线性逼近的,可以理解为是沿着梯度的方向前进逼近极小值的方法,因此,也称为梯度法. 存在更一般的方法,比如基于误差逆传播生物神经网络学习的方法.

最速下降法,沿着梯度的方向逼近,它在多数情况下(1 次函数除外) 与极小值的方向不一致,因此,它是函数的线性近似. 下面考察利用二次近似寻找极小值的牛顿法[3].

对于在各点可微的函数

$$C = f(\boldsymbol{x}) = f(x, y, \cdots)$$

在点 $\boldsymbol{x}_0$ 处泰勒展开,得到

$$C = f(\boldsymbol{x}_0) + \frac{\mathrm{d}f(\boldsymbol{x}_0)}{\mathrm{d}\boldsymbol{x}}(\boldsymbol{x} - \boldsymbol{x}_0) + \frac{1}{2}(\boldsymbol{x} - \boldsymbol{x}_0)^{\mathrm{T}} \boldsymbol{H}(\boldsymbol{x}_0)(\boldsymbol{x} - \boldsymbol{x}_0) + \cdots \tag{F.2}$$

其中,$\cdots$ 表示二次以上的项,$\frac{\mathrm{d}f(\boldsymbol{x}_0)}{\mathrm{d}\boldsymbol{x}}$ 为函数在点 $\boldsymbol{x}_0$ 处的一次微分向量(梯度),

$$\boldsymbol{H} = \begin{bmatrix} \frac{\partial^2 f}{\partial x^2} & \frac{\partial^2 f}{\partial x \partial y} & \cdots \\ \frac{\partial^2 f}{\partial y \partial x} & \frac{\partial^2 f}{\partial y^2} & \cdots \\ \vdots & \vdots & \vdots \end{bmatrix},$$

称为函数的 Hessian 矩阵,$\boldsymbol{H}(\boldsymbol{x}_0)$ 为点 $\boldsymbol{x}_0$ 处的 Hessian 矩阵.

可以利用矩阵 $\boldsymbol{H}$ 判断极值是极大值还是极小值. 对于一元函数,$\boldsymbol{H}$ 只有一个元素,即对未知数的二次微分,这时候,如果二次微分为正,函数有极小值,二次微分为负,有极大值. 对于二元以上的函数,同样由 $\boldsymbol{H}$ 的正负判断.

$$D = (\boldsymbol{x} - \boldsymbol{x}_0)^{\mathrm{T}} \boldsymbol{H}(\boldsymbol{x}_0)(\boldsymbol{x} - \boldsymbol{x}_0) \tag{F.3}$$

称为从 $\boldsymbol{H}$ 的基本点 $\boldsymbol{x}$ 到 $\boldsymbol{x}_0$ 的代数距离(mahalanobis distance). 当 D 为常数时,式(F.3) 表示椭圆(2 维) 或椭球(2 维以上).

这里,对二次近似函数

$$C \approx f(\boldsymbol{x}_0) + \frac{\mathrm{d}f(\boldsymbol{x}_0)}{\mathrm{d}\boldsymbol{x}}(\boldsymbol{x} - \boldsymbol{x}_0) + \frac{1}{2}(\boldsymbol{x} - \boldsymbol{x}_0)^{\mathrm{T}} \boldsymbol{H}(\boldsymbol{x}_0)(\boldsymbol{x} - \boldsymbol{x}_0)$$

求极小值. 由

$$\frac{\mathrm{d}C}{\mathrm{d}\boldsymbol{x}} = \frac{\mathrm{d}f(\boldsymbol{x}_0)}{\mathrm{d}\boldsymbol{x}} + \boldsymbol{H}(\boldsymbol{x}_0)(\boldsymbol{x} - \boldsymbol{x}_0) = 0$$

可得极小值 $\boldsymbol{x}_c$ 为($\boldsymbol{H}$ 为非奇异的),

$$\boldsymbol{x}_c = \boldsymbol{x}_0 - \boldsymbol{H}(\boldsymbol{x}_0)^{-1} \frac{\mathrm{d}f(\boldsymbol{x}_0)}{\mathrm{d}\boldsymbol{x}}.$$

因此,与最速下降法一样,对于各 $\boldsymbol{x}_i$,求 $\frac{\mathrm{d}f}{\mathrm{d}\boldsymbol{x}}$ 和 $\boldsymbol{H}$,更新的规则为

$$\boldsymbol{x}_{i+1} = \boldsymbol{x}_i - \boldsymbol{H}(\boldsymbol{x}_i)^{-1} \frac{\mathrm{d}f(\boldsymbol{x}_i)}{\mathrm{d}\boldsymbol{x}} \tag{F.4}$$

逐渐趋近于极小值(参见图 F.2).

当 $\boldsymbol{H}^{-1} > 0$,必然趋近于极小值,可以通过下面的叙述理解.

将

$$\Delta \boldsymbol{x} = \boldsymbol{x}_{i+1} - \boldsymbol{x}_i = -\boldsymbol{H}(\boldsymbol{x}_i)^{-1} \frac{\mathrm{d}f(\boldsymbol{x}_i)}{\mathrm{d}\boldsymbol{x}}$$

代入

$$\Delta C \approx -\left(\frac{\mathrm{d}f(\boldsymbol{x}_i)}{\mathrm{d}\boldsymbol{x}}\right)^{\mathrm{T}} \Delta \boldsymbol{x},$$

可得到

$$\Delta C \approx -\left(\frac{\mathrm{d}f(\boldsymbol{x}_i)}{\mathrm{d}\boldsymbol{x}}\right)^{\mathrm{T}} \boldsymbol{H}(\boldsymbol{x}_i)^{-1} \frac{\mathrm{d}f(\boldsymbol{x}_i)}{\mathrm{d}\boldsymbol{x}} < 0,$$

因此可以理解,当 $\boldsymbol{H}^{-1}>0$ 时,C 必然减小.

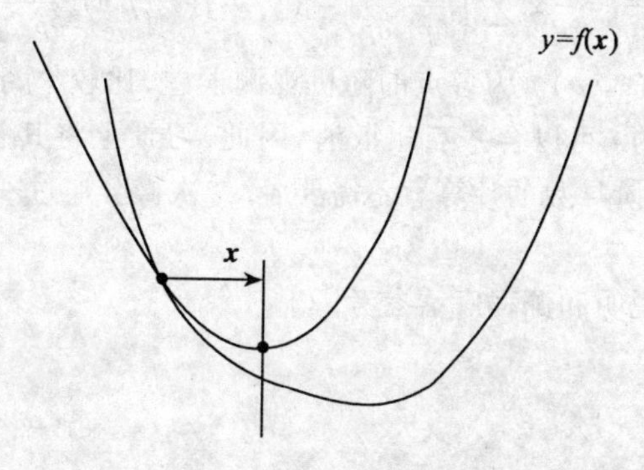

图 F.2 牛顿法示意图

比较式(F.4)和式(F.1),二者的不同在于,一个使用了一个常数 λ,另一个使用了 Hessian 矩阵的逆矩阵. 具体地说,当距离极小值近时,牛顿法收敛得快,当距离极小值远时,最速下降法趋近于极小值快. 因此,提出将二者集成的方法,即 Marquart-Levenberg 法[2]. 首先,两者合并得

$$\boldsymbol{x}_{i+1}=\boldsymbol{x}_i-(\lambda\boldsymbol{I}+\boldsymbol{H})^{-1}\frac{\mathrm{d}f(\boldsymbol{x}_i)}{\mathrm{d}\boldsymbol{x}}. \tag{F.5}$$

Marquart-Levenberg 法的思路在于,适当地改变 λ 的值. 当距离极小值远时,λ 大,这时候受 $\boldsymbol{H}$ 的影响相对较小,比较接近最速下降法. 当距离极小值近时,λ 小,这时以 $\boldsymbol{H}$ 的影响为主,比较接近牛顿法.

Marquart-Levenberg 法的另外一个特征是其二次微分的计算方法. 对于评价函数

$$C=\sum_{i=1}^{n}(y_i-f(x_i,\boldsymbol{p}))^2,$$

x_i, y_i 为观测值,$\boldsymbol{p}=[p_1,\cdots,p_k,\cdots,p_m]^{\mathrm{T}}$ 为以向量形式表示的未知参数. C 对 p_k 的一次微分为

$$\frac{\partial^2 C}{\partial p_k}=-2\sum_{i=1}^{n}(y_i-f(x_i,\boldsymbol{p}))\frac{\partial f}{\partial p_k}, k=1,\cdots,m.$$

对 p_k 与 p_l 偏微分为

$$\frac{\partial^2 C}{\partial p_k \partial p_l} = -2\sum_{i=1}^{n}\left[\frac{\partial f}{\partial p_k}\frac{\partial f}{\partial p_l} - (y_i - f(x_i, \boldsymbol{p}))\frac{\partial^2 f}{\partial p_k \partial p_l}\right].$$

其中,$(y_i - f(x_i, \boldsymbol{p}))$ 为各点的随机观测误差,比较小,正负值相当,对于第2项的 i 可以合并互相抵消. 因此,习惯上将其省略. 这样一来,复杂的二阶导数的计算就不需要了. 二次微分通过一次微分的乘积求出.

详细的说明和源程序请参考[2].

附录G 3维重建中Marquart法的快速算法

用Marquart-Levenberg法求解式(8.8)时,每次迭代都必须解方程式

$$(\lambda \boldsymbol{I} + \boldsymbol{H})\Delta \boldsymbol{p} = \boldsymbol{g}. \tag{G.1}$$

这里,$\Delta \boldsymbol{p}$为所求参数向量的变化量,$\boldsymbol{g}$由评价函数C对$\boldsymbol{p}$的一次微分向量(梯度)加上负号得到.

$\Delta \boldsymbol{p}$可以分为形状参数部分$\Delta \boldsymbol{p}_s = \Delta[\boldsymbol{X}_1^{\mathrm{T}}, \cdots, \boldsymbol{X}_N^{\mathrm{T}}]^{\mathrm{T}}$和运动参数部分$\Delta \boldsymbol{p}_m = \Delta[\boldsymbol{m}_1^{\mathrm{T}}, \cdots, \boldsymbol{m}_M^{\mathrm{T}}]^{\mathrm{T}}$($M$, N分别为影像的个数和特征点的个数). 另外同样,$\boldsymbol{g}$也可以分为形状参数部分$\boldsymbol{g}_s$和运动参数部分$\boldsymbol{g}_m$,使用第8章的练习问题2的解答中的符号,上式可以写为

$$\begin{bmatrix} \boldsymbol{A} & \boldsymbol{B} \\ \boldsymbol{B}^{\mathrm{T}} & \boldsymbol{C} \end{bmatrix} \begin{bmatrix} \Delta \boldsymbol{p}_s \\ \Delta \boldsymbol{p}_m \end{bmatrix} = \begin{bmatrix} \boldsymbol{g}_s \\ \boldsymbol{g}_m \end{bmatrix}. \tag{G.2}$$

其中,

$$\boldsymbol{A} = \mathrm{diag}(\boldsymbol{A}_{11}, \cdots, \boldsymbol{A}_{NN}) = \mathrm{diag}(\lambda \boldsymbol{I} + \boldsymbol{H}_{s1}, \cdots, \lambda \boldsymbol{I} + \boldsymbol{H}_{sN}),$$

$$\boldsymbol{C} = \mathrm{diag}(\boldsymbol{C}_{11}, \cdots, \boldsymbol{C}_{MM}) = \mathrm{diag}(\lambda \boldsymbol{I} + \boldsymbol{H}_{m1}, \cdots, \lambda \boldsymbol{I} + \boldsymbol{H}_{sN}).$$

式(G.2)可以分解下面的式子:

$$\boldsymbol{A}\Delta \boldsymbol{p}_s + \boldsymbol{B}\boldsymbol{g}_m = \boldsymbol{g}_s, \tag{G.3}$$

$$\boldsymbol{B}^{\mathrm{T}}\Delta \boldsymbol{p}_s + \boldsymbol{C}\Delta \boldsymbol{p}_m = \boldsymbol{g}_m. \tag{G.4}$$

首先得到

$$\Delta \boldsymbol{p}_s = \boldsymbol{A}^{-1}\boldsymbol{g}_s - \boldsymbol{A}^{-1}\boldsymbol{B}\Delta \boldsymbol{p}_m, \tag{G.5}$$

代入式(G.4),得到

$$\Delta \boldsymbol{p}_m = \boldsymbol{K}^{-1}(\boldsymbol{g}_m - \boldsymbol{B}^{\mathrm{T}}\boldsymbol{A}^{-1}\boldsymbol{g}_s). \tag{G.6}$$

其中,

$$K = C - B^{\mathrm{T}} A^{-1} B.$$

由于$\boldsymbol{A}$具有特殊的形状,$\boldsymbol{A}^{-1}$的计算可以使用下面比较简单的方法:

$$A^{-1} = \mathrm{diag}(A_{11}^{-1}, \cdots, A_{NN}^{-1}),$$

因此,

$$K_{ij} = C_{ij} - \sum_{k=1}^{N} M(k,i) M(k,j) B_{ki}^{\mathrm{T}} A_{kk}^{-1} B_{kj}, 1 \leqslant i,j \leqslant M.$$

$\boldsymbol{K}$为对称矩阵,不是对角矩阵.

将式(G.6)代入式(G.5),得到

$$\Delta p_s = (A^{-1} + A^{-1} B K^{-1} B^{\mathrm{T}} A^{-1}) g_s - A^{-1} B K^{-1} g_m. \quad (G.7)$$

综合式(G.6)和式(G.7),得到

$$(\lambda I + H)^{-1} = \begin{bmatrix} A^{-1} + A^{-1} B K^{-1} B^{\mathrm{T}} A^{-1} & -A^{-1} B K^{-1} \\ -K^{-1} B^{\mathrm{T}} A^{-1} & K^{-1} \end{bmatrix}. \quad (G.8)$$

上述的联立公式中,需要计算逆矩阵的只有$\boldsymbol{K}$[26,54].它的计算量相当于$(7M)^3$.与原来的$(3N + 7M)^3$相比,大幅度减少.不需要得到逆矩阵时,使用式(G.6)和式(G.7)就足够了.

$\boldsymbol{A}$和$\boldsymbol{C}$具有对称的关系,改变上面的推导方法,就不再是对$C - B^{\mathrm{T}} A^{-1} B$进行逆矩阵的计算,而是对$A - B C^{-1} B^{\mathrm{T}}$进行逆矩阵计算.这时逆矩阵的计算量为$(3N)^3$.哪个计算量更小些呢,可能要看是影像多特征点少的情况,还是影像少特征点多的情况.

附录 H 利用 VRML 实现 3 维模型的表示及纹理映射

由 VRML 表示的数据,为了便于识别,在文件名的后面都有扩展名. wrl. 对于与 VRML 相关的详细说明可以参阅专门的书籍[14,15],这里只列出一个用三角网表示 3 维形状和纹理贴图的 VRML 文件作为示例.

#VRML V1.0 ascii ——用 1.0 版记录的 ASCII 码文件
#This file was generated by Realise ShapeHints vertexOrdering COUNTERCLOCKWISE shapeType SOLID
——顶点顺序为逆时针顺序,不透明
#Face1 ——面 1
Seperator Coordinate3 point[1.000000 0.557556 - 0.533101, 0.7954690.532213 - 1.000000, 0.783457 0.140468 - 0.957406,]
——第 0 个、第 1 个、第 2 个顶点的坐标
TextureCoordinate2 point[0.050781 0.735352, 0.220703 0.629883, 0.223307 0.274414]
——第 0 个、第 1 个、第 2 个影像点纹理坐标
Texture2 filename "room.jpg"
——纹理影像文件名 room.jpg
IndexdFaceSet coordIndex[0,1,2, - 1]
——表示 3 维顶点与影像点间的对应关系.
逆时针旋转,最后的 - 1 不能少

附录Ⅰ　习题解说及答案

第2章

1. 由于D^{-1}也表示运动，因此可以将其表示为

$$D^{-1} = \begin{bmatrix} R' & t' \\ 0_3^T & 1 \end{bmatrix}.$$

由于满足
$$DD^{-1} = \begin{bmatrix} R & t \\ 0_3^T & 1 \end{bmatrix}\begin{bmatrix} R' & t' \\ 0_3^T & 1 \end{bmatrix} = I_4,$$

因此可以得到
$$RR' = I_3,$$
$$Rt' + t = 0.$$

得

$$R' = R^T,$$
$$t' = -R^T t.$$

求出R'，t'，就可以确定D^{-1}.

2. 将$\alpha_u = \alpha_v = f, \theta = \dfrac{\pi}{2}$一起代入矩阵$A$，得到

$$A = \begin{bmatrix} f & 0 & u_0 \\ 0 & f & v_0 \\ 0 & 0 & 1 \end{bmatrix},$$

A^{-1}就变为

$$A^{-1}=\begin{bmatrix}\frac{1}{f} & 0 & -\frac{u_0}{f}\\ 0 & \frac{1}{f} & -\frac{v_0}{f}\\ 0 & 0 & 1\end{bmatrix}.$$

3. 如果 $\boldsymbol{P}_A$ 具有形状 $\boldsymbol{P}_A=\begin{bmatrix}* & * & * & *\\ * & * & * & *\\ 0 & 0 & 0 & *\end{bmatrix}$,则 $\boldsymbol{A}\boldsymbol{P}_A\boldsymbol{D}$ 也保持与

$\boldsymbol{P}_A=\begin{bmatrix}* & * & * & *\\ * & * & * & *\\ 0 & 0 & 0 & *\end{bmatrix}$相同的形状,因此也表示仿射变换.

4. 对于每个点,都有一个下面的方程

$$s_i\tilde{\boldsymbol{m}}_i=\boldsymbol{P}_A\tilde{\boldsymbol{M}}_i.$$

展开可以得到

$$s_i=s=P_{34}.$$

其中,P_{34} 为 $\boldsymbol{P}_A$ 第3行第4列的元素. 可以看出 S_i 与点的3维坐标无关. 将此代入投影方程式,得到

$$s_i\tilde{\boldsymbol{m}}_i=\boldsymbol{P}_A\tilde{\boldsymbol{M}}_i.$$

对所有的点求平均,则完成证明.

$$s_i\tilde{\bar{\boldsymbol{m}}}=\frac{1}{n}\sum_{i=1}^{n}s_i\tilde{\boldsymbol{m}}_i=\frac{1}{n}\sum_{i=1}^{n}\boldsymbol{P}_A\tilde{\boldsymbol{M}}_i=\boldsymbol{P}_A\tilde{\bar{\boldsymbol{M}}}$$

该式意味着,即使没有进行3维复原,3维点的重心的成像也可以在影像上直接求出. 该式对中心投影不成立.

5. 对 $[\boldsymbol{r}]_\times^2=\begin{bmatrix}-r_3^2-r_2^2 & r_1r_2 & r_1r_3\\ r_1r_2 & -r_1^2-r_3^2 & r_2r_3\\ r_1r_3 & r_2r_3 & -r_1^2-r_2^2\end{bmatrix}=\boldsymbol{r}\boldsymbol{r}^{\mathrm{T}}-(\boldsymbol{r}^{\mathrm{T}}\boldsymbol{r})\boldsymbol{I}_3$

当 $\|\boldsymbol{r}\|=1$,有

$$[\boldsymbol{r}]_\times^2=\boldsymbol{r}\boldsymbol{r}^{\mathrm{T}}-\boldsymbol{I}_3,$$

而且, $\boldsymbol{r}\times(\boldsymbol{r}\times\boldsymbol{v})=[\boldsymbol{r}]_\times^2\boldsymbol{v}=\boldsymbol{r}\boldsymbol{r}^{\mathrm{T}}\boldsymbol{v}-\boldsymbol{r}^{\mathrm{T}}\boldsymbol{r}\boldsymbol{v}.$

第3章

1. 定义 $\boldsymbol{R}=[\boldsymbol{r}_1\boldsymbol{r}_2\boldsymbol{r}_3]$, 由 $\boldsymbol{R}^{\mathrm{T}}\boldsymbol{R}=\boldsymbol{I}$, 可得

$$\boldsymbol{r}_i^{\mathrm{T}}\boldsymbol{r}_j=\delta_{ij}=\begin{cases}1 & i=j,\\0 & i\neq j.\end{cases}$$

即,各列向量的长度为1,互相正交. 对于行向量,根据 $\boldsymbol{R}^{\mathrm{T}}\boldsymbol{R}=\boldsymbol{I}$ 同样可以证明.

2. 利用欧拉角,旋转矩阵可以表示为

$$\boldsymbol{R}=\begin{bmatrix}r_{11} & r_{12} & r_{13}\\ r_{21} & r_{22} & r_{23}\\ r_{31} & r_{32} & r_{33}\end{bmatrix}$$

$$=\begin{bmatrix}\cos\alpha\cos\beta\cos\gamma-\sin\alpha\sin\gamma & -\cos\alpha\cos\beta\sin\gamma-\sin\alpha\cos\gamma & \cos\alpha\sin\beta\\ \sin\alpha\cos\beta\cos\gamma+\cos\alpha\sin\gamma & -\sin\alpha\cos\beta\sin\gamma+\cos\alpha\cos\gamma & \sin\alpha\sin\beta\\ -\sin\beta\cos\gamma & \sin\beta\sin\gamma & \cos\beta\end{bmatrix}.$$

首先,根据 $r_{13}^2+r_{23}^2=\sin^2\beta$, 有

$$\sin\beta=\pm\sqrt{r_{13}^2+r_{23}^2}.$$

即 $\beta=\arctan2(\pm\sqrt{r_{13}^2+r_{23}^2},r_{33})$ 可以求出 β. 解有两个. 再根据 $\arctan2(a,b)=\arctan2(ka,kb)$ (k 为正常数),如果 $\sin\beta\neq0$,可以求出 α,γ:

$$\alpha=\arctan2(\pm r_{23},\pm r_{13}),$$

$$\gamma=\arctan2(\pm r_{32},\mp r_{31}).$$

正负号的顺序要注意.

对于欧拉角,根据上述可知存在两组解,如果选定 α 为正,则只有一组解.

如果 $\sin\beta=0$,则 r_{33} 为1或 -1. 有

$$\beta=\frac{(1-r_{33})\pi}{2},$$

$$\alpha+\gamma=\arctan2(r_{21},r_{22}).$$

α,γ 的解有无数种组合.

3. 用 roll, pitch, yaw 表示的旋转矩阵为

$$\boldsymbol{R}\begin{bmatrix} r_{11} & r_{12} & r_{13} \\ r_{21} & r_{22} & r_{23} \\ r_{31} & r_{32} & r_{33} \end{bmatrix}$$

$$=\begin{bmatrix} \cos\phi\cos\theta & \cos\phi\sin\theta\sin\psi - \sin\phi\cos\psi & \cos\phi\sin\theta\cos\psi + \sin\phi\sin\psi \\ \sin\phi\cos\theta & \sin\phi\sin\theta\sin\psi + \cos\phi\cos\psi & \sin\phi\sin\theta\cos\psi - \cos\phi\sin\psi \\ -\sin\theta & \cos\theta\sin\psi & \cos\theta\cos\psi \end{bmatrix}.$$

首先,由 $r_{11}^2 + r_{21}^2 = \cos^2\theta$,可得

$$\cos\theta = \pm\sqrt{r_{11}^2 + r_{21}^2}.$$

可以求出 θ:

$$\theta = \arctan2\left(r_{31}, \pm\sqrt{r_{11}^2 + r_{21}^2}\right).$$

有两组解. 再根据 $\arctan2(a,b) = \arctan2(ka,kb)$($k$ 为正常数),如果 $\cos\theta \neq 0$,可以求出 ϕ,ψ:

$$\phi = \arctan2(r_{21}, r_{11}),$$

$$\psi = \arctan2(r_{32}, r_{33}).$$

如果 $\cos\theta = 0$,则 r_{33} 为 1 或 -1. 有

$$\theta = \frac{-r_{31}\pi}{2},$$

$$\phi - r_{31}\psi = -\arctan2(r_{12}, r_{22}).$$

则 ϕ,ψ 的解有无数种组合.

4. 定义矩阵的指数为

$$\mathrm{e}^{\boldsymbol{M}} = \boldsymbol{I} + \frac{1}{1!}\boldsymbol{M} + \frac{1}{2!}\boldsymbol{M}^2 + \cdots + \frac{1}{n!}\boldsymbol{M}^n + \cdots$$

可以导出

$$(\mathrm{e}^{[r]_\times})^{\mathrm{T}} = \mathrm{e}^{[r]_\times^{\mathrm{T}}} = \mathrm{e}^{-[r]_\times}.$$

利用 $$(\mathrm{e}^{[r]_\times})^{\mathrm{T}}\mathrm{e}^{[r]_\times} = \mathrm{e}^{-[r]_\times}\mathrm{e}^{[r]_\times} = \mathrm{e}^{\boldsymbol{0}} = \boldsymbol{I},$$

再根据 $\det((\mathrm{e}^{[r]_\times})^{\mathrm{T}}\mathrm{e}^{[r]_\times}) = (\det(\mathrm{e}^{[r]_\times}))^2 = \det(\boldsymbol{I}) = 1$,

可得 $$\det(\mathrm{e}^{[r]_\times}) = \pm 1.$$

另外根据 $\det(\mathrm{e}^{[\boldsymbol{O}]_\times}) = \det(\boldsymbol{I}) = 1$,可知 $\det(\mathrm{e}^{[r]_\times}) = 1$ 恒成立.

5. 利用第2章的练习题5所示的公式,式(3.6)可以变形为

$$R = \cos\theta I + \sin\theta[\bar{r}]_{\times} + (1-\cos\theta)\overline{rr}^{T}.$$

再有 $\mathrm{trace}(aa^{T}) = a^{T}a$,容易得到

$$\mathrm{trace}(R) = 3\cos\theta + 1 - \cos\theta = 2\cos\theta + 1.$$

6. 根据 $R\bar{r} = \bar{r}$,有下式成立

$$R^{T}\bar{r} = \bar{r}.$$

两式求差,可得

$$(R - R^{T})\bar{r} = 0.$$

再有 $R - R^{T} = \begin{bmatrix} r_{32} - r_{23} \\ r_{13} - r_{31} \\ r_{21} - r_{12} \end{bmatrix}_{\times}$ 成立,

可以导出

$$\bar{r} = \frac{a}{\|a\|}.$$

其中,$a = \begin{bmatrix} r_{32} - r_{23} \\ r_{13} - r_{31} \\ r_{21} - r_{12} \end{bmatrix}$.

7. 将 $q = (a, b) = [\lambda_0, \lambda_1, \lambda_2, \lambda_3]^{T}$ 代入 $(0, Rv) = q \times (0, v) \times \bar{q}$ 可得

$$q \times (0,v) \times \bar{q} = (0, 2bb^{T}v + (a^2 - \|b\|^2)v + 2ab \times v)$$

$$= \left(0, \begin{bmatrix} \lambda_0^2 + \lambda_1^2 - \lambda_2^2 - \lambda_3^2 & 2(\lambda_1\lambda_2 - \lambda_0\lambda_3) & 2(\lambda_1\lambda_3 + \lambda_0\lambda_2) \\ 2(\lambda_1\lambda_2 + \lambda_0\lambda_3) & \lambda_0^2 - \lambda_1^2 + \lambda_2^2 - \lambda_3^2 & 2(\lambda_2\lambda_3 - \lambda_0\lambda_1) \\ 2(\lambda_1\lambda_3 - \lambda_0\lambda_2) & 2(\lambda_2\lambda_3 + \lambda_0\lambda_1) & \lambda_0^2 - \lambda_1^2 - \lambda_2^2 + \lambda_3^2 \end{bmatrix} v\right).$$

式(3.11)得以确定.

8. 由

$$R = \begin{bmatrix} r_{11} & r_{12} & r_{13} \\ r_{21} & r_{22} & r_{23} \\ r_{31} & r_{32} & r_{33} \end{bmatrix}$$

$$
= \begin{bmatrix} \lambda_0^2 + \lambda_1^2 - \lambda_2^2 - \lambda_3^2 & 2(\lambda_1\lambda_2 - \lambda_0\lambda_3) & 2(\lambda_1\lambda_3 + \lambda_0\lambda_2) \\ 2(\lambda_1\lambda_2 + \lambda_0\lambda_3) & \lambda_0^2 - \lambda_1^2 + \lambda_2^2 - \lambda_3^2 & 2(\lambda_2\lambda_3 - \lambda_0\lambda_1) \\ 2(\lambda_1\lambda_3 - \lambda_0\lambda_2) & 2(\lambda_2\lambda_3 + \lambda_0\lambda_1) & \lambda_0^2 - \lambda_1^2 - \lambda_2^2 + \lambda_3^2 \end{bmatrix}
$$

与

$$
\lambda_0^2 + \lambda_1^2 + \lambda_2^2 + \lambda_3^2 = 1
$$

可得下面的关系：

$$
\begin{aligned}
r_{11} + r_{22} + r_{33} &= 4\lambda_0^2 - 1, \\
r_{11} + r_{22} &= 2\lambda_0^2 - 2\lambda_3^2, \\
r_{22} + r_{33} &= 2\lambda_0^2 - 2\lambda_1^2, \\
r_{33} + r_{11} &= 2\lambda_0^2 - 2\lambda_2^2.
\end{aligned}
$$

根据这些式子可得：

$$
\lambda_0 = \pm \frac{1}{2}\sqrt{r_{11} + r_{22} + r_{33} + 1},
$$

$$
\lambda_1 = \pm \frac{1}{2}\sqrt{r_{11} - r_{22} - r_{33} + 1},
$$

$$
\lambda_2 = \pm \frac{1}{2}\sqrt{-r_{11} + r_{22} - r_{33} + 1},
$$

$$
\lambda_3 = \pm \frac{1}{2}\sqrt{-r_{11} - r_{22} + r_{33} + 1}.
$$

另外，$\lambda_0, \lambda_1, \lambda_2, \lambda_3$ 的符号不独立. 首先，由于 $\boldsymbol{q}$ 与 $-\boldsymbol{q}$ 表示同样的旋转，所以加上 $\lambda_0 > 0$ 的条件. 然后根据

$$
\begin{aligned}
r_{32} - r_{23} &= 4\lambda_0\lambda_1, \\
r_{31} - r_{13} &= 4\lambda_0\lambda_2, \\
r_{21} - r_{12} &= 4\lambda_0\lambda_3,
\end{aligned}
$$

可以通过 $r_{32} - r_{23}, r_{31} - r_{13}, r_{21} - r_{12}$ 确定 $\lambda_1, \lambda_2, \lambda_3$ 的符号. 最后可以得出下面的关系：

$$
\lambda_0 = \frac{1}{2}\sqrt{r_{11} + r_{22} + r_{33}},
$$

$$
\lambda_1 = \frac{r_{32} - r_{23}}{2\,|r_{32} - r_{23}|}\sqrt{r_{11} - r_{22} - r_{33}},
$$

$$
\lambda_2 = \frac{r_{31} - r_{13}}{2\,|r_{31} - r_{13}|}\sqrt{-r_{11} + r_{22} - r_{33}},
$$

$$\lambda_3 = \frac{r_{21} - r_{12}}{2|r_{21} - r_{12}|}\sqrt{-r_{11} - r_{22} + r_{33}}.$$

9. 有 $\boldsymbol{q} = (a, \boldsymbol{b}), \boldsymbol{q}' = (a', \boldsymbol{b}')$. 将 $|\boldsymbol{q} \times \boldsymbol{q}'|^2$ 展开,可得

$$\begin{aligned}|\boldsymbol{q} \times \boldsymbol{q}'|^2 &= (aa' - \boldsymbol{b}^{\mathrm{T}}\boldsymbol{b}')^2 + \| a\boldsymbol{b}' + a'\boldsymbol{b} + \boldsymbol{b} \times \boldsymbol{b}' \|^2 \\ &= a^2a'^2 - 2aa'\boldsymbol{b}^{\mathrm{T}}\boldsymbol{b}' + \boldsymbol{b}^{\mathrm{T}}\boldsymbol{b}'\boldsymbol{b}'^{\mathrm{T}}\boldsymbol{b} + a^2\boldsymbol{b}'^{\mathrm{T}}\boldsymbol{b}' + a'^2\boldsymbol{b}^{\mathrm{T}}\boldsymbol{b} + (\boldsymbol{b} \times \boldsymbol{b}')^{\mathrm{T}}\boldsymbol{b} \times \boldsymbol{b}' \\ &\quad + 2aa'\boldsymbol{b}^{\mathrm{T}}\boldsymbol{b}' + 2a'\boldsymbol{b}^{\mathrm{T}}(\boldsymbol{b} \times \boldsymbol{b}') + 2a\boldsymbol{b}'^{\mathrm{T}}(\boldsymbol{b} \times \boldsymbol{b}').\end{aligned}$$

将下列关系式代入上式:

$$\boldsymbol{b}^{\mathrm{T}}(\boldsymbol{b} \times \boldsymbol{b}') = \boldsymbol{b}'^{\mathrm{T}}(\boldsymbol{b} \times \boldsymbol{b}') = 0,$$

$$(\boldsymbol{b} \times \boldsymbol{b}')^{\mathrm{T}}(\boldsymbol{b} \times \boldsymbol{b}') = \boldsymbol{b}^{\mathrm{T}}\boldsymbol{b}'\boldsymbol{b}'^{\mathrm{T}}\boldsymbol{b}' - \boldsymbol{b}^{\mathrm{T}}\boldsymbol{b}'\boldsymbol{b}'^{\mathrm{T}}\boldsymbol{b},$$

则完成证明.

$$\begin{aligned}|q \times q'|^2 &= a^2a'^2 + \boldsymbol{b}^{\mathrm{T}}\boldsymbol{b}'\boldsymbol{b}'^{\mathrm{T}}\boldsymbol{b} + a^2\boldsymbol{b}'^{\mathrm{T}}\boldsymbol{b}' + a'^2\boldsymbol{b}^{\mathrm{T}}\boldsymbol{b} + \boldsymbol{b}^{\mathrm{T}}\boldsymbol{b}'\boldsymbol{b}'^{\mathrm{T}}\boldsymbol{b}' \\ &= (a^2 + \boldsymbol{b}^{\mathrm{T}}\boldsymbol{b})(a'^2 + \boldsymbol{b}'^{\mathrm{T}}\boldsymbol{b}') = |\boldsymbol{q}|^2|\boldsymbol{q}'|^2.\end{aligned}$$

10. 首先,定义 $\theta = \|\boldsymbol{r}\|, \boldsymbol{u} = \frac{\boldsymbol{r}}{\|\boldsymbol{r}\|}$, 则 $a = \cos\left(\frac{\|\boldsymbol{r}\|}{2}\right)$.

$\boldsymbol{b} = \sin\left(\frac{\|\boldsymbol{r}\|}{2}\right)\frac{\boldsymbol{r}}{\|\boldsymbol{r}\|}$ 为:

$$a = \cos\left(\frac{\theta}{2}\right), \boldsymbol{b} = \sin\left(\frac{\theta}{2}\right)\boldsymbol{u}$$

代入 Rodrigues 公式

$$\boldsymbol{R} = \mathrm{e}^{[\boldsymbol{r}]_\times} = \boldsymbol{I} + \frac{\sin\theta}{\theta}[\boldsymbol{r}]_\times + \frac{1 - \cos\theta}{\theta^2}[\boldsymbol{r}]_\times^2,$$

得到

$$\boldsymbol{R} = \boldsymbol{I} + \sin\theta[\boldsymbol{u}]_\times + (1 - \cos\theta)[\boldsymbol{u}]_\times^2.$$

将3维向量旋转一个 $\boldsymbol{R}$,得到新的向量

$$\boldsymbol{R}\boldsymbol{v} = \boldsymbol{v} + \sin\theta\boldsymbol{u} \times \boldsymbol{v} + (1 - \cos\theta)\boldsymbol{u} \times (\boldsymbol{u} \times \boldsymbol{v}).$$

用4元数表示 $(a, \boldsymbol{b}) = \left(\cos\left(\frac{\theta}{2}\right), \sin\left(\frac{\theta}{2}\right)\boldsymbol{u}\right)$,旋转后的向量为

$$\begin{aligned}&(a, \boldsymbol{b}) \times (0, \boldsymbol{v}) \times (a, -\boldsymbol{b}) \\ &= (0, 2\boldsymbol{b}\boldsymbol{b}^{\mathrm{T}}\boldsymbol{v} + (a^2 - \boldsymbol{b}^{\mathrm{T}}\boldsymbol{b})\boldsymbol{v} + 2a\boldsymbol{b} \times \boldsymbol{v}).\end{aligned}$$

根据下式成立,可知两种表示等价.

$2\boldsymbol{b}\boldsymbol{b}^{\mathrm{T}}\boldsymbol{v} + (a^2 - \boldsymbol{b}^{\mathrm{T}}\boldsymbol{b})\boldsymbol{v} + 2a\boldsymbol{b} \times \boldsymbol{v}$

$$= 2\sin^2\frac{\theta}{2}\boldsymbol{u}\boldsymbol{u}^{\mathrm{T}}\boldsymbol{v} + \left(\cos^2\frac{\theta}{2} - \sin^2\frac{\theta}{2}\right)\boldsymbol{v} + 2\cos\frac{\theta}{2}\sin\frac{\theta}{2}\boldsymbol{u}\times\boldsymbol{v}$$
$$= (1-\cos\theta)\boldsymbol{u}\boldsymbol{u}^{\mathrm{T}}\boldsymbol{v} + \cos\theta\boldsymbol{v} + \sin\theta\boldsymbol{u}\times\boldsymbol{v}$$
$$= \boldsymbol{v} + (1-\cos\theta)(\boldsymbol{u}\boldsymbol{u}^{\mathrm{T}} - \boldsymbol{I})\boldsymbol{v} + \sin\theta\boldsymbol{u}\times\boldsymbol{v}$$
$$= \boldsymbol{v} + (1-\cos\theta)\boldsymbol{u}\times(\boldsymbol{u}\times\boldsymbol{v}) + \sin\theta\boldsymbol{u}\times\boldsymbol{v}.$$

11. 设 $\boldsymbol{U} = [\boldsymbol{u}_1, \boldsymbol{u}_2, \boldsymbol{u}_3]$, $\boldsymbol{V} = [\boldsymbol{v}_1, \boldsymbol{v}_2, \boldsymbol{v}_3]$.

$$\boldsymbol{U}\mathrm{diag}(1,1,-1)\boldsymbol{V}^{\mathrm{T}} = \boldsymbol{U}\boldsymbol{V}^{\mathrm{T}} - 2\boldsymbol{u}_3\boldsymbol{v}_3^{\mathrm{T}} = \boldsymbol{U}\boldsymbol{V}^{\mathrm{T}}(\boldsymbol{I} - 2\boldsymbol{v}_3\boldsymbol{v}_3^{\mathrm{T}}).$$

$\boldsymbol{U}\boldsymbol{V}^{\mathrm{T}}$ 为旋转,$\boldsymbol{I} - 2\boldsymbol{v}_3\boldsymbol{v}_3^{\mathrm{T}}$ 表示反转.

第4章

1. 根据 $\boldsymbol{E} = [\boldsymbol{t}]_{\times}\boldsymbol{R}$,可知 $\boldsymbol{E}$ 的秩比 $[\boldsymbol{t}]_{\times}$ 和 $\boldsymbol{R}$ 的秩小. $\boldsymbol{R}$ 的秩为3,$[\boldsymbol{t}]_{\times}$ 的秩一般为2,因此 $\boldsymbol{E}$ 的秩为2.

另外,根据 $\boldsymbol{F} = \boldsymbol{A}^{-\mathrm{T}}\boldsymbol{E}\boldsymbol{A}'^{-1}$,$\boldsymbol{A}$ 与 $\boldsymbol{A}'$ 满秩,可得基础矩阵的秩与本质矩阵的秩相同,都为2.

2. 使 $\boldsymbol{U}\boldsymbol{t} = [\|\boldsymbol{t}\|, 0, 0]^{\mathrm{T}}$ 成立的适当的旋转 $\boldsymbol{U}$ 必然存在,因此在 $\boldsymbol{E}\boldsymbol{E}^{\mathrm{T}}$ 的两侧乘上该旋转,可得

$$\boldsymbol{U}\boldsymbol{E}\boldsymbol{E}^{\mathrm{T}}\boldsymbol{U}^{\mathrm{T}} = \boldsymbol{U}(\boldsymbol{t}^{\mathrm{T}}\boldsymbol{t}\boldsymbol{I} - \boldsymbol{t}\boldsymbol{t}^{\mathrm{T}})\boldsymbol{U}^{\mathrm{T}} = \boldsymbol{t}^{\mathrm{T}}\boldsymbol{t}\boldsymbol{I} - \boldsymbol{U}\boldsymbol{t}(\boldsymbol{U}\boldsymbol{t})^{\mathrm{T}}$$
$$= \|\boldsymbol{t}\|^2\begin{bmatrix}0 & 0 & 0\\ 0 & 1 & 0\\ 0 & 0 & 1\end{bmatrix}.$$

另一方面,

$$\boldsymbol{U}\boldsymbol{E}\boldsymbol{E}^{\mathrm{T}}\boldsymbol{U}^{\mathrm{T}} = \boldsymbol{U}\begin{bmatrix}0 & 0 & 0\\ 0 & 1 & 0\\ 0 & 0 & 1\end{bmatrix}\boldsymbol{U}^{\mathrm{T}}.$$

由于施加旋转,矩阵的比例不变,上面的两式等价,则必有 $\|\boldsymbol{t}\| = 1$.更确切地说,$\boldsymbol{U} = \boldsymbol{I}$ 至少有一个解.

将 $\boldsymbol{U} = \begin{bmatrix}u_{11} & u_{12} & u_{13}\\ u_{21} & u_{22} & u_{23}\\ u_{31} & u_{32} & u_{33}\end{bmatrix}$ 代入 $\boldsymbol{U}\boldsymbol{E}\boldsymbol{E}^{\mathrm{T}}\boldsymbol{U}^{\mathrm{T}}$,可得

$$\begin{bmatrix} u_{21}^2+u_{31}^2 & u_{21}u_{22}+u_{31}u_{32} & u_{21}u_{23}+u_{31}u_{33} \\ u_{21}u_{22}+u_{31}u_{32} & u_{22}^2+u_{32}^2 & u_{22}u_{23}+u_{32}u_{33} \\ u_{21}u_{23}+u_{31}u_{33} & u_{22}u_{23}+u_{32}u_{33} & u_{23}^2+u_{33}^2 \end{bmatrix} = \begin{bmatrix} 0 & 0 & 0 \\ 0 & 1 & 0 \\ 0 & 0 & 1 \end{bmatrix}.$$

根据 $u_{21}^2+u_{31}^2=0$,有 $u_{21}=u_{31}=0$,则剩下

$$u_{22}^2+u_{32}^2=1,$$
$$u_{22}u_{23}+u_{32}u_{33}=0,$$
$$u_{23}^2+u_{33}^2=1.$$

如果定义 $\boldsymbol{v}=[u_{22},u_{32}]^{\mathrm{T}}$,$\boldsymbol{v}'=[u_{23},u_{33}]^{\mathrm{T}}$,上式与 $\|\boldsymbol{v}\|=1$,$\|\boldsymbol{v}'\|=1$ 以及 $\boldsymbol{v}^{\mathrm{T}}\boldsymbol{v}'=0$ 等价.即 $\boldsymbol{v}$,$\boldsymbol{v}'$ 为互为正交的单位向量.这种向量有无数组.因此,$\boldsymbol{U}$ 有无数解.$\boldsymbol{t}$ 的长度为单位长,方向根据 $\boldsymbol{U}$ 确定.

3. 对于任意秩为2的矩阵 $\boldsymbol{G}$,存在满足下式的单位向量 z:

$$\boldsymbol{G}z=0.$$

用 $\|\boldsymbol{A}\|\geqslant\max_{\|z\|=1}\|\boldsymbol{A}z\|\geqslant\|\boldsymbol{A}z\|$,有下式成立

$$\|\boldsymbol{F}-\boldsymbol{G}\|^2\geqslant\|(\boldsymbol{F}-\boldsymbol{G})z\|^2=\|\boldsymbol{F}z\|^2=\sum_{i=1}^{3}\sigma_i^2(\boldsymbol{u}_i^{\mathrm{T}}z)^2.$$

这里,$\boldsymbol{u}_i$ 为 $\boldsymbol{U}$ 的第 i 个列向量,而且有 $\sum_{i=1}^{3}\sigma_i^2(\boldsymbol{u}_i^{\mathrm{T}}z)^2\geqslant\sigma_3^2$ 成立.

即,$\|\boldsymbol{F}-\boldsymbol{G}\|$ 的最小值为 σ_3.

一方面根据

$$\|\boldsymbol{F}-\hat{\boldsymbol{F}}\|=\|\boldsymbol{V}\mathrm{diag}(0,0,\sigma_3)\boldsymbol{U}^{\mathrm{T}}\|=\sigma_3$$

可知 $\hat{\boldsymbol{F}}$ 确实是使 $\|\boldsymbol{F}-\boldsymbol{G}\|$ 最小的秩为2的矩阵.

4. 考察 $C=d_2^2=\sum_{i=1}^{n}\frac{1}{f_{31}^2+f_{32}^2}(\boldsymbol{u}_i^{\mathrm{T}}\boldsymbol{f}+f_{33})^2$ 的最小化.

定义 $\boldsymbol{f}_1=[f_{13},f_{23}]^{\mathrm{T}}$,$\boldsymbol{f}_2=[f_{31},f_{32}]^{\mathrm{T}}$,可得

$$C=\sum_{i=1}^{n}\frac{1}{\boldsymbol{f}_2^{\mathrm{T}}\boldsymbol{f}_2}(\boldsymbol{u}_i^{\mathrm{T}}\boldsymbol{f}+f_{33})^2.$$

首先,根据

$$\frac{\partial C}{\partial f_{33}}=0$$

可求出 $f_{33}=-\frac{1}{n}\sum_{i=1}^{n}\boldsymbol{u}_i^{\mathrm{T}}\boldsymbol{f}$,将其代入原来的式子,而且定义

$$\boldsymbol{x}_i=\left[u_i-\frac{1}{n}\sum_{i=1}^{n}u_i,v_i-\frac{1}{n}\sum_{i=1}^{n}v_i\right]^{\mathrm{T}},$$

$$\boldsymbol{x}_i'=\left[u_i'-\frac{1}{n}\sum_{i=1}^{n}u_i',v_i'-\frac{1}{n}\sum_{i=1}^{n}v_i'\right]^{\mathrm{T}},$$

则变成

$$C=\frac{1}{\boldsymbol{f}_2^{\mathrm{T}}\boldsymbol{f}_2}\left(\boldsymbol{f}_1^{\mathrm{T}}\sum_{i=1}^{n}\boldsymbol{x}_i\boldsymbol{x}_i^{\mathrm{T}}\boldsymbol{f}_1+2\boldsymbol{f}_1^{\mathrm{T}}\sum_{i=1}^{n}\boldsymbol{x}_i\boldsymbol{x}'^{\mathrm{T}}_i\boldsymbol{f}_2+\boldsymbol{f}_2^{\mathrm{T}}\sum_{i=1}^{n}\boldsymbol{x}_i'\boldsymbol{x}'^{\mathrm{T}}_i\boldsymbol{f}_2\right).$$

再定义

$$\boldsymbol{W}_1=\sum_{i=1}^{n}\boldsymbol{x}_i\boldsymbol{x}_i^{\mathrm{T}},\boldsymbol{W}_2=\sum_{i=1}^{n}\boldsymbol{x}_i\boldsymbol{x}'^{\mathrm{T}}_i,\boldsymbol{W}_3=\sum_{i=1}^{n}\boldsymbol{x}_i'\boldsymbol{x}'^{\mathrm{T}}_i,$$

求得 $\frac{\partial C}{\partial \boldsymbol{f}_1}=0,\frac{\partial C}{\partial \boldsymbol{f}_2}=0$,可得下列方程式:

$$2\frac{1}{\boldsymbol{f}_2^{\mathrm{T}}\boldsymbol{f}_2}(\boldsymbol{W}_1\boldsymbol{f}_1+\boldsymbol{W}_2\boldsymbol{f}_2)=0,$$

$$2\frac{1}{\boldsymbol{f}_2^{\mathrm{T}}\boldsymbol{f}_2}(\boldsymbol{W}_2\boldsymbol{f}_1+\boldsymbol{W}_3\boldsymbol{f}_2-C\boldsymbol{f}_2)=0.$$

根据上式可得

$$\boldsymbol{f}_1=-\boldsymbol{W}_1^{-1}\boldsymbol{W}_2\boldsymbol{f}_2,$$

$$(\boldsymbol{W}_3-\boldsymbol{W}_2\boldsymbol{W}_1^{-1}\boldsymbol{W}_2)\boldsymbol{f}_2=C\boldsymbol{f}_2.$$

$\boldsymbol{f}_2$ 可以作为 $\boldsymbol{W}_3-\boldsymbol{W}_2\boldsymbol{W}_1^{-1}\boldsymbol{W}_2$ 的最小特征值对应的特征向量求出,$\boldsymbol{f}_1$ 也就求出.

第5章

1. 将对称矩阵 $\boldsymbol{B}$ 作特征值分解,变为下面的形式:

$$\boldsymbol{B}=\boldsymbol{U}\boldsymbol{\Lambda}\boldsymbol{U}^{\mathrm{T}}=\boldsymbol{U}\boldsymbol{\Lambda}^{\frac{1}{2}}\boldsymbol{R}(\boldsymbol{U}\boldsymbol{\Lambda}^{\frac{1}{2}}\boldsymbol{R})^{\mathrm{T}},$$

$$\boldsymbol{B}=\boldsymbol{U}\boldsymbol{\Lambda}\boldsymbol{U}^{\mathrm{T}}=\boldsymbol{U}(-\boldsymbol{\Lambda}^{\frac{1}{2}})\boldsymbol{R}(\boldsymbol{U}(-\boldsymbol{\Lambda}^{\frac{1}{2}})\boldsymbol{R})^{\mathrm{T}}.$$

这里,$\boldsymbol{R}$ 为物体坐标系与相机坐标系间的旋转,需要求出.

首先定义

$$\boldsymbol{C} = \boldsymbol{U}\boldsymbol{\Lambda}^{\frac{1}{2}}\boldsymbol{R},$$

代入 $\boldsymbol{M} = \boldsymbol{M}'\boldsymbol{C}$,可得

$$\boldsymbol{M} = \boldsymbol{M}'\boldsymbol{U}\boldsymbol{\Lambda}^{\frac{1}{2}}\boldsymbol{R}.$$

$\boldsymbol{M}'\boldsymbol{U}\boldsymbol{\Lambda}^{\frac{1}{2}}$ 的第1行与第 $m+1$ 行的行向量分别为 $\boldsymbol{m}_1,\boldsymbol{m}_2$,则可得

$$\boldsymbol{r}_{1,1}^{\mathrm{T}} = \boldsymbol{m}_1^{\mathrm{T}}\boldsymbol{R} = [1,0,0],$$
$$\boldsymbol{r}_{2,1}^{\mathrm{T}} = \boldsymbol{m}_2^{\mathrm{T}}\boldsymbol{R} = [0,1,0].$$

并且根据

$$\boldsymbol{m}_1^{\mathrm{T}}\boldsymbol{R}\boldsymbol{R}^{\mathrm{T}}\boldsymbol{m}_1 = \boldsymbol{m}_2^{\mathrm{T}}\boldsymbol{R}\boldsymbol{R}^{\mathrm{T}}\boldsymbol{m}_2 = s_1^2 = 1,\boldsymbol{m}_1^{\mathrm{T}}\boldsymbol{R}\boldsymbol{R}^{\mathrm{T}}\boldsymbol{m}_2 = 0,$$

可知 $\boldsymbol{m}_1,\boldsymbol{m}_2$ 为正交的单位矩阵,因此有:

$$\boldsymbol{R} = [\boldsymbol{m}_1,\boldsymbol{m}_2,\boldsymbol{m}_1 \times \boldsymbol{m}_2].$$

再定义

$$\boldsymbol{C} = \boldsymbol{U}(-\boldsymbol{\Lambda}^{\frac{1}{2}})\boldsymbol{R}.$$

同样可以计算并求得 $\boldsymbol{R}$ 的另外一个解. $\boldsymbol{C}$ 有两个解,与 Necker Reversal 对应.

2.

$$\sigma(I_k) = \sqrt{\frac{\sum_{i=-n}^{n}\sum_{j=-m}^{m}\left(I_k(u+i,v+j) - \overline{I_k(u,v)}\right)^2}{(2n+1)(2m+1)}}$$

$$= \sqrt{\frac{\sum_{i=-n}^{n}\sum_{j=-m}^{m}\left(I_k^2(u+i,v+j) - 2I_k(u+i,v+j)\,\overline{I_k(u,v)} + \overline{I_k(u,v)}^2\right)}{(2n+1)(2m+1)}}$$

$$= \sqrt{\frac{\sum_{i=-n}^{n}\sum_{j=-m}^{m}\left(I_k^2(u+i,v+j) - \overline{I_k(u,v)}^2\right)}{(2n+1)(2m+1)}}.$$

第6章

1. 给定 n 个像点 (u_i,v_i), $i = 1,\cdots,n$,与3维物方点 (X_i,Y_i,Z_i), $i = 1,\cdots,n$,它们的平均值分别为 $(\bar{u},\bar{v})$ 与 $(\bar{X},\bar{Y},\bar{Z})$,它们的分布分别

为(σ_u,σ_v) 与$(\sigma_X,\sigma_Y,\sigma_Z)$. 定义变换

$$\tilde{\boldsymbol{m}}' = \boldsymbol{T}_2\tilde{\boldsymbol{m}},$$

$$\tilde{\boldsymbol{M}}' = \boldsymbol{T}_3\tilde{\boldsymbol{M}}.$$

其中,

$$\boldsymbol{T}_2 = \begin{bmatrix} \frac{1}{\sigma_u} & 0 & \frac{-\tilde{u}}{\sigma_u} \\ 0 & \frac{1}{\sigma_u} & \frac{-\tilde{v}}{\sigma_u} \\ 0 & 0 & 1 \end{bmatrix},$$

$$\boldsymbol{T}_3 = \begin{bmatrix} \frac{1}{\sigma_X} & 0 & 0 & \frac{-\tilde{X}}{\sigma_X} \\ 0 & \frac{1}{\sigma_Y} & 0 & \frac{-\tilde{Y}}{\sigma_Y} \\ 0 & 0 & \frac{1}{\sigma_Z} & \frac{-\tilde{Z}}{\sigma_Z} \\ 0 & 0 & 0 & 1 \end{bmatrix}.$$

将这些变换代入式(6.1),可得

$$\boldsymbol{T}_2^{-1}\tilde{\boldsymbol{m}} \cong \boldsymbol{P}\boldsymbol{T}_3^{-1}\tilde{\boldsymbol{M}}'.$$

这里再定义

$$\boldsymbol{P}' \cong \boldsymbol{T}_2\boldsymbol{P}\boldsymbol{T}_3^{-1}.$$

根据变换后得像点坐标(u_i',v_i'),$i = 1,\cdots,n$,与 3 维点坐标(X_i',Y_i',Z_i'),$i = 1,\cdots,n$,可以使用式(6.3) 求出. $\boldsymbol{P}'$

最后再求出投影矩阵

$$\boldsymbol{P} \cong \boldsymbol{T}_2^{-1}\boldsymbol{P}'\boldsymbol{T}_3.$$

2. 根据 $\boldsymbol{m}_i = [u_i,v_i]^{\mathrm{T}}$,$\boldsymbol{m}_i' = [u_i',v_i']^{\mathrm{T}}$,$i = 1,\cdots,n$,

将 $\tilde{\boldsymbol{m}} \cong H\tilde{\boldsymbol{m}}'$ 展开得到

$$u_i u_i' h_7 + u_i v_i' h_8 + u_i h_9 = u_i' h_1 + v_i' h_2 + h_3,$$
$$v_i u_i' h_7 + v_i v_i' h_8 + v_i h_9 = u_i' h_4 + v_i' h_5 + h_6.$$

进一步整理,可得

$$\boldsymbol{A}\boldsymbol{h} = 0.$$

其中,

$$\boldsymbol{h} = [h_1, h_2, h_3, h_4, h_5, h_6, h_7, h_8, h_9]^{\mathrm{T}},$$

$$\boldsymbol{A} = \begin{bmatrix} u_1' & v_1' & 1 & 0 & 0 & 0 & -u_1' u_1 & -u_1 v_1' & -u_1 \\ 0 & 0 & 0 & u_1' & v_1' & 1 & -v_1 u_1' & -v_1 v_1' & -v_1 \\ \vdots & \vdots & \vdots & \vdots & \vdots & \vdots & \vdots & \vdots & \vdots \\ u_n' & v_n' & 1 & 0 & 0 & 0 & -u_n' u_n & -u_n v_n' & -u_n \\ 0 & 0 & 0 & u_n' & v_n' & 1 & -v_n u_n' & -v_n v_n' & -v_n \end{bmatrix}.$$

$\boldsymbol{h}$ 可以作为 $\boldsymbol{A}^{\mathrm{T}}\boldsymbol{A}$ 的最小特征值对应的特征向量求出($\boldsymbol{h}$ 的比例任意).数值计算上可以采用第 6 章的练习题 1 中同样的线性变换对 (u,v) 和 (u',v') 进行规一化.

3. 首先有

$$\boldsymbol{K} = \boldsymbol{A}\boldsymbol{A}^{\mathrm{T}} = \boldsymbol{A}^2 \cong \mathrm{diag}(1,1,a^2) \cong \mathrm{diag}(1,1,k),$$
$$\boldsymbol{K}' = \boldsymbol{A}'\boldsymbol{A}'^{\mathrm{T}} = \boldsymbol{A}'^2 \cong \mathrm{diag}(1,1,a'^2) \cong \mathrm{diag}(1,1,k').$$

其中,$k = a^2, k' = a'^2$.

定义

$$\boldsymbol{e} = [e_1, e_2, e_3]^{\mathrm{T}},$$

$$\boldsymbol{F} = \begin{bmatrix} f_{11} & f_{12} & f_{13} \\ f_{21} & f_{22} & f_{23} \\ f_{31} & f_{32} & f_{33} \end{bmatrix}.$$

根据 e_1, e_2, e_3 的大小关系,比如采用式(6.18)中 3 个数值的大小关系,可以得到

$$\frac{e_3^2 + e_1^2 k}{f_{12}^2 + f_{22}^2 + f_{32}^2 k'} = \frac{-e_1 e_2 k}{f_{11}f_{12} + f_{21}f_{22} + f_{31}f_{32}k'} = \frac{e_3^2 + e_1^2 k}{f_{11}^2 + f_{21}^2 + f_{31}^2 k'}.$$

这是一个关于 k, k' 的二次方程式.解该式,可得 k, k',根据

$$f = \frac{1}{\sqrt{k}}, \quad f' = \frac{1}{\sqrt{k'}}$$

可计算出 f,f'.

第 7 章

$$\|\bar{\boldsymbol{E}}\|^2 = \mathrm{trace}(\bar{\boldsymbol{E}}\bar{\boldsymbol{E}}^{\mathrm{T}}) = \mathrm{trace}([\bar{\boldsymbol{t}}]_\times[\bar{\boldsymbol{t}}]_\times^{\mathrm{T}}) = \mathrm{trace}(\boldsymbol{I} - \bar{\boldsymbol{t}}\bar{\boldsymbol{t}}^{\mathrm{T}}) = 2.$$

第 8 章

1. 式(8.7) 中,对于 $M(i,j) = 1, \forall i, \forall j$,有

$$C = \sum_{j=1}^{M}\sum_{i=1}^{N}\|\boldsymbol{X}_i^j - s^j\boldsymbol{R}^j\boldsymbol{X}_i - \boldsymbol{t}^j\|^2.$$

将 C 对 $\boldsymbol{t}^j$ 微分,并令微分为零向量,可得

$$\boldsymbol{t}^j = \bar{\boldsymbol{X}}^j - s^j\boldsymbol{R}^j\bar{\boldsymbol{X}}.$$

其中,

$$\bar{\boldsymbol{X}}^j = \frac{1}{N}\sum_{i=1}^{N}X_i^j,$$

$$\bar{\boldsymbol{X}} = \frac{1}{N}\sum_{i=1}^{N}X_i.$$

再定义

$$\bar{\boldsymbol{M}}_i^j = \boldsymbol{X}_i^j - \bar{\boldsymbol{X}}^j,$$

$$\bar{\boldsymbol{M}}_i = \boldsymbol{X}_i - \bar{\boldsymbol{X}},$$

则 C 可以写为下式表示的形式

$$C = \sum_{j=1}^{M}\sum_{i=1}^{N}\|\boldsymbol{M}_i^j - s^j\boldsymbol{R}^j\boldsymbol{M}_i\|^2 = \|\boldsymbol{D} - \boldsymbol{M}\boldsymbol{S}\|^2.$$

其中,

$$\boldsymbol{D} = \begin{bmatrix} \boldsymbol{M}_1^1 & \cdots & \boldsymbol{M}_N^1 \\ \vdots & & \vdots \\ \boldsymbol{M}_1^M & \cdots & \boldsymbol{M}_N^M \end{bmatrix},$$

$$\boldsymbol{M} = \begin{bmatrix} s^1\boldsymbol{R}^1 \\ \vdots \\ s^M\boldsymbol{R}^M \end{bmatrix},$$

$$S = [M_1 \quad \cdots \quad M_N].$$

由于$\boldsymbol{M}$和$\boldsymbol{S}$的秩为3，则$\boldsymbol{D}$的秩也为3. 对$\boldsymbol{D}$进行奇异值分解，以从大到小的顺序排列的第4个奇异值为噪声可以舍去，留下前面3个奇异值对应的奇异向量构成的矩阵为$\boldsymbol{D}' = \boldsymbol{U}'\mathrm{diag}(\sigma_1,\sigma_2,\sigma_3)\boldsymbol{V}'^{\mathrm{T}}$，因此可以解

$$\boldsymbol{U}'\mathrm{diag}(\sigma_1,\sigma_2,\sigma_3)\boldsymbol{V}'^{\mathrm{T}} = \boldsymbol{MS}.$$

这里，可以使用与5.2节介绍的形状与运动复原同样的算法解算.

2. 如果定义

$$p(\boldsymbol{X}_i,\boldsymbol{m}_j) = f^j \frac{r_1^{j\mathrm{T}}\boldsymbol{X}_i + t_X^j}{r_3^{j\mathrm{T}}\boldsymbol{X}_i + t_Z^j},$$

$$q(\boldsymbol{X}_i,\boldsymbol{m}_j) = f^j \frac{r_2^{j\mathrm{T}}\boldsymbol{X}_i + t_Y^j}{r_3^{j\mathrm{T}}\boldsymbol{X}_i + t_Z^j},$$

则C可以写为下式：

$$C = \sum_{j=1}^{M}\sum_{i=1}^{N} M(i,j)\{(u_i^j - u_0^j - p(\boldsymbol{X}_i,\boldsymbol{m}_j))^2 + (v_i^j - v_0^j - q(\boldsymbol{X}_i,\boldsymbol{m}_j))^2\}.$$

其中$\boldsymbol{m}_j$为第j个影像的旋转参数、平移参数以及焦距等组成的向量.

C的一次微分为：

$$\frac{\partial C}{\partial \boldsymbol{X}_i} = -2\sum_{j=1}^{M} M(i,j)\left\{(u_i^j - u_0^j - p(\boldsymbol{X}_i,\boldsymbol{m}_j))\frac{\partial p}{\partial \boldsymbol{X}_i} + (v_i^j - v_0^j - q(\boldsymbol{X}_i,\boldsymbol{m}_j))\frac{\partial q}{\partial \boldsymbol{X}_i}\right\},$$

$$\frac{\partial C}{\partial \boldsymbol{m}_j} = -2\sum_{i=1}^{N} M(i,j)\left\{(u_i^j - u_0^j - p(\boldsymbol{X}_i,\boldsymbol{m}_j))\frac{\partial p}{\partial \boldsymbol{m}_j} + (v_i^j - v_0^j - q(\boldsymbol{X}_i,\boldsymbol{m}_j))\frac{\partial q}{\partial \boldsymbol{m}_j}\right\}.$$

C的二次微分的近似为

$$\boldsymbol{H}_{si} = \frac{1}{2}\frac{\partial^2 C}{\partial \boldsymbol{X}_i^2} = \sum_{j=1}^{M} M(i,j)\left\{\frac{\partial p}{\partial \boldsymbol{X}_i}\left(\frac{\partial p}{\partial \boldsymbol{X}_i}\right)^{\mathrm{T}} + \frac{\partial q}{\partial \boldsymbol{X}_i}\left(\frac{\partial q}{\partial \boldsymbol{X}_i}\right)^{\mathrm{T}}\right\},$$

$$\frac{\partial C}{\partial \boldsymbol{X}_i \partial \boldsymbol{X}_{i'}} = \boldsymbol{O}, i \neq i',$$

$$\boldsymbol{H}_{mi} = \frac{1}{2}\frac{\partial^2 C}{\partial \boldsymbol{m}_j^2} = \sum_{i=1}^{N} M(i,j)\left\{\frac{\partial p}{\partial \boldsymbol{m}_j}\left(\frac{\partial p}{\partial \boldsymbol{m}_j}\right)^{\mathrm{T}} + \frac{\partial q}{\partial \boldsymbol{m}_j}\left(\frac{\partial q}{\partial \boldsymbol{m}_j}\right)^{\mathrm{T}}\right\}$$

$$\frac{\partial C}{\partial \boldsymbol{m}_j \partial \boldsymbol{m}_{j'}} = \boldsymbol{O}, j \neq j',$$

$$\boldsymbol{B}_{ij} = \frac{1}{2}\frac{\partial^2 C}{\partial \boldsymbol{X}_i \partial \boldsymbol{m}_j} = M(i,j)\left\{\frac{\partial p}{\partial \boldsymbol{X}_i}\left(\frac{\partial p}{\partial \boldsymbol{m}_j}\right)^{\mathrm{T}} + \frac{\partial q}{\partial \boldsymbol{X}_i}\left(\frac{\partial q}{\partial \boldsymbol{m}_j}\right)^{\mathrm{T}}\right\}$$

则 Hessian 矩阵可以写为

$$\boldsymbol{H} = \begin{bmatrix} \boldsymbol{H}_s & \boldsymbol{B} \\ \boldsymbol{B}^{\mathrm{T}} & \boldsymbol{H}_m \end{bmatrix}.$$

其中,$\boldsymbol{H}_s = \mathrm{diag}(\boldsymbol{H}_{s1}, \cdots, \boldsymbol{H}_{sN})$,$\boldsymbol{H}_m = \mathrm{diag}(H_{m_1}, \cdots, H_{mN})$,$B = \{\boldsymbol{B}_{ij}\}$.

第 9 章

1. 给定三角锥的顶点求外接球的球心坐标和半径,可以由下面介绍的计算方法计算. 设 4 个顶点的坐标和球心坐标分别为 (X_1, Y_1, Z_1),(X_2, Y_2, Z_2),(X_3, Y_3, Z_3),(X, Y, Z),则有下式成立:

$$(X - X_i)^2 + (Y - Y_i)^2 + (Z - Z_i)^2$$
$$= (X - X_j)^2 + (Y - Y_j)^2 + (Z - Z_j)^2, i,j = 1,2,3,4, i \neq j,$$

这是一个关于 X, Y, Z 的一次方程式. 变换之后,得到

$$2(X(X_j - X_i) + Y(Y_j - Y_i) + Z(Z_j - Z_i))$$
$$= X_j^2 - X_i^2 + Y_j^2 - Y_i^2 + Z_j^2 - Z_i^2, i,j = 1,2,3,4, i \neq j,$$

其中只有3个独立的式子,未知数也只有3个,利用逆矩阵,通过下式求解:

$$\begin{bmatrix} X \\ Y \\ Z \end{bmatrix} =$$

$$\frac{1}{2}\begin{bmatrix} X_2 - X_1 & Y_2 - Y_1 & Z_2 - Z_1 \\ X_3 - X_1 & Y_3 - Y_1 & Z_3 - Z_1 \\ X_4 - X_1 & Y_4 - Y_1 & Z_4 - Z_1 \end{bmatrix}^{-1} \begin{bmatrix} X_2^2 - X_1^2 + Y_2^2 - Y_1^2 + Z_2^2 - Z_1^2 \\ X_3^2 - X_1^2 + Y_3^2 - Y_1^2 + Z_3^2 - Z_1^2 \\ X_4^2 - X_1^2 + Y_4^2 - Y_1^2 + Z_4^2 - Z_1^2 \end{bmatrix}.$$

随后,可求得外接圆的半径 R 为

$$R = \sqrt{(X - X_1)^2 + (Y - Y_1)^2 + (Z - Z_1)^2}.$$

2. 三角形的3个顶点为$\boldsymbol{P}_1,\boldsymbol{P}_2,\boldsymbol{P}_3$,直线段的两个端点为$\boldsymbol{P}_4,\boldsymbol{P}_5$,则直线方程为$\boldsymbol{P} = \boldsymbol{P}_4 + q(\boldsymbol{P}_5 - \boldsymbol{P}_4)$,代入三角形的平面方程

$$(\boldsymbol{P} - \boldsymbol{P}_1)^{\mathrm{T}}(\boldsymbol{P}_2 - \boldsymbol{P}_1) \times (\boldsymbol{P}_3 - \boldsymbol{P}_1) = 0,$$

可以求出q,然后可求出交点$\boldsymbol{P}$. q在$(0,1)$的范围内是保证相交的第一条件.

然后,可以看点$\boldsymbol{P}$是否在三角形内部. 求直线段$\boldsymbol{P} - \boldsymbol{P}_1$和三角形的一边$\boldsymbol{P}_3 - \boldsymbol{P}_2$的交点.

$$\boldsymbol{X} = s(\boldsymbol{P}_2 - \boldsymbol{P}_3) + \boldsymbol{P}_3,$$
$$\boldsymbol{X} = t(\boldsymbol{P} - \boldsymbol{P}_1) + \boldsymbol{P}_1.$$

根据上式,计算s, t. 如果不满足$t > 1, 0 < s < 1$,则交点就不在三角形内部. 可以利用其他两个顶点进行同样的计算.

第10章

将下式对t求导:

$$C = \sum_{i=1}^{3} \| \boldsymbol{x}_i - \boldsymbol{A}\boldsymbol{x}'_i - \boldsymbol{t} \|^2,$$

并令导数为零向量,可得

$$\boldsymbol{t} = \frac{1}{3}\sum_{i=1}^{3} \boldsymbol{x}_i - \boldsymbol{A}\frac{1}{3}\sum_{i=1}^{3} \boldsymbol{x}'_i.$$

将上式代入原来的公式,得

$$C = \sum_{i=1}^{3} \left\| \boldsymbol{x}_i - \frac{1}{3}\sum_{i=1}^{3} \boldsymbol{x}_i - \boldsymbol{A}\left(\boldsymbol{x}'_i - \frac{1}{3}\sum_{i=1}^{3} \boldsymbol{x}'_i\right) \right\|^2.$$

将C对矩阵$\boldsymbol{A}$求导,并令结果为零向量,可得

$$\boldsymbol{A} = \boldsymbol{B}\boldsymbol{C}^{\mathrm{T}}(\boldsymbol{C}\boldsymbol{C}^{\mathrm{T}})^{-1}.$$

其中,

$$\boldsymbol{B} = \left[\boldsymbol{x}_1 - \frac{1}{3}\sum_{i=1}^{3} \boldsymbol{x}_i \quad \boldsymbol{x}_2 - \frac{1}{3}\sum_{i=1}^{3} \boldsymbol{x}_i \quad \boldsymbol{x}_3 - \frac{1}{3}\sum_{i=1}^{3} \boldsymbol{x}_i\right],$$

$$\boldsymbol{C} = \left[\boldsymbol{x}'_1 - \frac{1}{3}\sum_{i=1}^{3} \boldsymbol{x}'_i \quad \boldsymbol{x}'_2 - \frac{1}{3}\sum_{i=1}^{3} \boldsymbol{x}'_i \quad \boldsymbol{x}'_3 - \frac{1}{3}\sum_{i=1}^{3} \boldsymbol{x}'_i\right].$$

第 11 章

方程式左侧展开,根据对角线上的元素,可得下面的方程式:

$$f'^2(h_{11}^2 + h_{12}^2) + h_{13}^2 = sf^2,$$
$$f'^2(h_{21}^2 + h_{22}^2) + h_{23}^2 = sf^2,$$
$$f'^2(h_{31}^2 + h_{32}^2) + h_{33}^2 = s.$$

由上面前两个公式可得:

$$f'^2 = \frac{h_{23}^2 - h_{13}^2}{h_{11}^2 + h_{12}^2 - h_{21}^2 - h_{22}^2}.$$

首先,计算 f'. 然后由后两式得

$$f^2 = \frac{f'^2(h_{21}^2 + h_{22}^2) + h_{23}^2}{f'^2(h_{31}^2 + h_{32}^2) + h_{33}^2}.$$

再计算 f.

这样就计算出两个焦距,由于只使用了对角线上的 3 个方程式,不能保证是最优的结果. 如果使用所有的方程,则一般不存在线性解法.

参考文献

[1] サイバネットステム株式会社製:MATLAB.

[2] W. H. Press, S. A. Teukolsky, W. T. Vetterling and B. P. Flannery:C言語による数値計算のレシピ. 技術評論社, 1993.

[3]金谷健一. 空間データの数理. 朝倉書店, 1995

[4]甘利俊一, 金谷健一. 線形代数. 講談社, 1987

[5]広瀬茂男. ロボット工学. 裳華筬, 1987

[6]杉原厚吉. グラフィックスの数理. 共立出版, 1996

[7]出口光一郎. コンピュータビジョンのための幾何学. 情報処理学会誌, No.6-No.9, 1996

[8]徐剛. 画像による3次元復元と3次元CG一現状と課題. システム. 制御. 情報, 1999,43(7):345-352

[9]杉本典子, 徐剛. 弱中心射影画像からオイラー角を利用したモーション復元の線形アルゴリズム. 電子情報通信学会論文誌, 1998,81(4):681-688

[10]徐剛, 辻三郎. 3次元ビジョン. 共立出版, 1998

[11]佐藤淳. コンピュータビジョン一視覚の幾何学一. コロナ社, 1999

[12]徐剛. 第6章 コンピュータビジョンにおけるエピポーラ幾何. 见:コンピュータビジョン一技術評論と玗来展望. 松山, 久野, 井宮編集. 新技術コミュニケーションズ出版,1998:80-96

[13]金谷健一. 基礎行列の最適計算とその信頼性評価. www. ail. cs. gunmau. ac. jp/Labo/Paper/fundamatrix. ps. gz, 1998

[14]マーク.ペッジ著，松田晃一他訳:VRMLを知る.プレンティスホール出版，1996

[15]三浦憲二郎.VRML2.0.朝倉書店，1996

[16] J Aloimonos. Perspective approximations. Image and Vision Computing, 1990,8(3): 177-192

[17] K S Arun, T S Huang, and S D Blostein. Least-squares fitting of two 3-D point sets. IEEE Trans. PAMI. 1987,9 (5): 698-700

[18] E S Chen. QuickTimeVR—an Image-based approach to virtual environment navigation. Computer Graphics, Proc. of ACM SIGGRAPH95,1995:29-38

[19] L McMillan and S Gortler. Image-based rendering. Siggraph Computer Graphics, 1999,33(4)

[20] M Etoh. Estimation of structure and motion parameters for a roaming robot that scans the space. Proc of 7th Int. Conference on Computer Version, Kerkyra, Greece, Sept.1998

[21] O D Faugeras, et al. Representing stereo data with the delaunay friangulation. International Journal of Artificial Intelligence,1990, 44(1):41-87

[22] O D Faugeras. Three-dimensional computer vision: a geometric viewpoint. Cambridge, MA, MIT Press,1993

[23] G H Golub and C F van Loan. Matix computations. The John Hopkins University Press, 1989

[24] S J Gortler, et al. The lumigraph. In:Computer Graphics, Proc. of ACM SIGGRAPH96, 1996:43-54

[25] W Eric, L Grimson. From images to surfaces. Cambridge, MA: The MIT Press, 1981

[26] R Hartley. Euclidean reconstruction from uncalibrated views. APlication of Invariance in Computer Version, Springer-Verlag, 1994:237-256

[27] R Hartley. In defense of the eight-point algorithm. IEEE Trans.

Pattern Analysis and Machine Intelligence, 1997,19 (6): 580-593
[28] P Heckbert. Survey of texture mapping. IEEE Computer Graphics and Applications, 1986:56-67
[29] B K P Horn. Robert vision. Cambridge, MA: MIT Press, and New York: McGraw Hill, 1986
[30] B K P Horn. Closed-form solution of absolute orientation using unit quaternions. Journal of the Optical Society of America A, 1987,4(7): 629-642
[31] B K P Horn. Closed-form solution of absolute orientation using orthonormal matrices. Journal of the Optical Society of America A, 1987,5 (7): 1127-1135
[32] T S Huang, O D Faugeras. Some properties of the E matrix in two-view motion estimation. IEEE Trans. Pattern Analysis and Machine Intelligence, 1989,11(12): 1310-1312
[33] T S Huang, C H Lee. Motion and structure from orthographic projections. IEEE Trans. Pattern Analysis and Machine Intelligence, 1989,11: 536-540
[34] K Kanatani. Geometric Computation for Machine Vision. Oxford Science Publications, 1993
[35] K Kanatani. Statistical optimization for geometric computation—theory and practice. North-Holland, 1996
[36] G Kay, T Gaelli. Inverting an illumination model from range and intensity maps. CVGIP: Image Understanding, 1994, 59 (2): 183-201
[37] S Laveau, O Fraugeras. 3D scene representation as a collection of images and fundamental matrices. Technical Report INRIA No. 2205, 1994
[38] C H Lee, T S Huang. Finding point correspondences and determining motion of a right object from tow weak perspective views. Comput. Vision, Graphics Image Process. 1990,52 (3): 309-327

[39] M Levoy, P Hanrahan. Light field rendering. In: Computer Graphics, Proc. of ACM SIGGRAPH96, 1995:31-42

[40] H C Longuet-Higgins. A computer algorithm for reconstructing a scene from two projections. Nature, 1981,293: 133-135

[41] Q-T Luong, O Fraugeras. Self-calibration of a moving camera from point correspondences and fundamental matrices. Int. Journal of Computer Vision, 1997,22 (3): 261-289

[42] D Marr. Vision. San Francisco, CA: W. H. Freeman, 1982

[43] S J Maybank, O D Fraugeras. A theory of self-calibration of a moving camera. Int. Journal of Computer Vision, 1992, 8 (2): 123-152

[44] L McMillan, G Bishop. Plenoptic modeling—an image-based rendering system. In: Computer Graphics, Proc. of ACM SIGGRAPH97, 1997:39-46

[45] J L Mundy, A Zisserman, Geometric invariance in computer vision. MIT Press, 1992

[46] S Nayar, K Ikeuchi, T Kanade. Surface reflection: physical and geometrical perspectives. In: IEEE Trans. Pattern Analysis and Machine Intelligence, 1981,13(7):611-634

[47] D E Rumelhart, G E Hinton, R J Williams. Learning internal represtations by error propagation. In: D E Rumelhart, J L McClelland, editors, Parallel Distributed Processing. MIT Press 1987: 318-362

[48] Y Sato, K Ikeuchi. Reflectance analysis for 3d computer graphics model generation. CVGIP: Graphics Models and Image Processing, 1996,58 (5): 437-451

[49] Y Sato, M D Wheeler, K Ikeuchi. Object shape and reflectance modeling from observation. In: Computer Graphics, Proc. of ACM SIGGRAPH97, Los Angeles, USA, August 1997:379-387

[50] S Seitz, R Szeliski. Special Issue: Applications of Computer Vision

to Computer Graphics. In: ACM SIGGRAPH Computer Graphics, 1999,33(4)

[51] L S Shapiro, A Zisserman, M Brady. Motion from point matches using affine epipolar geometry. In: Proc. Third European Conf. Comput. Vision, 1994

[52] A Shashua. Algebraic functions for recognition. IEEE Trans. Pattern Analysis and Machine Intelligence, 1995,17(8):779-789

[53] H-Y Shum, L-W He. Rendering with concentric mosaics. In: Computer Graphics, Proc. of SIGGRAPH99,1999:299-306

[54] C C Slama et al. Manual of Photogrammetry, American Society of Photogrammetry, 1980

[55] R Szeliski, S B Kang. Recovering 3d shape and motion from image streams using nonlinear least squares. Journal of Visual Communication and Image Representation, 1994,5(1): 10-28

[56] R Szeliski, H-Y Shum. Creating full view panoramic images mosaics and environment maps. In: Computer Graphics, Proc. of ACM SIGGRAPH97 1997:251-258

[57] C Tomasi, T Kanade. Shape and motion from image streams under orthography—a factorization method. Int Joural of Computer Vision, 1992,9(2):137-154

[58] R Y Tsai, T S Huang. Uniqueness and estimation of three-dimensional motion parameters of rigid objects with curved surface. IEEE Trans. Pattern Analysis and Machine Intelligence, 1984,6 (1): 13-26

[59] R Y Tsai. An efficient and accurate camera calibration technique for 3D machine vision. IEEE Conference on Computer Vision and Pattern Recognition, Miami, Florida, 1986:364-374

[60] S Ullman. The Interpretation of visual motion. Cambridge, MA: MIT Press,1979

[61] S Umeyama. Least-squares estimation of transformation parameters

between two point patterns. IEEE Trans. PAMI, 1991,13 (4): 376-380

[62] G Xu. A unified approach to image matching and segmentation in stereo, motion and object reconition via recovery of epipolar geometry. VIDERE: A Journal of Computer Vision Research, 1997,1 (1)

[63] G Xu, N Sugimoto. A linear algorithm for motion from three weak perspective images using euler angles. IEEE Trans. Pattern Analysis and Machine Intelligence, 1999,21(1), 54-57

[64] G Xu, N Sugimoto. Algebraic deivation of the Kruppa equations and a new algorithm for self-calibration of cameras. Journal of American Society of Optics A, 1999,16(10)

[65] G Xu, Z Zhang. Epipolar geometry in stereo, motion and object recognition: a unified approach. Kluwer Academic Publishers, 1996

[66] Z Zhang, R Deriche, O Fraugeras, Q-T Luong. A robust technique for matching two uncalibrated images through the recovery of the unknown epipolar geometry. Artificial Intelligence Journal, 1995,78: 87-119

[67] Z Zhang. Image-based geometrically-correct photorealistic scene/object modeling: a review. Proc. 3rd Asian Conference on Computer Vision, Hong Kong, 1998:340-349

[68] Z Zhang. Determinating the epipolar geometry and its uncertainty: a review. Int. Journal of Computer Vision, 1998,27 (2): 161-195

[69] Z Zhang. Flexible camera calibration by viewing a plane from unknown orientations. Proc. of 7th Int. Conference on Computer Vision, Kerkyra, Greece. 1999:666-673